神秘教室
SHENMI JIAOSHI

发现自然的秘密
FAXIAN ZIRAN DE MIMI

知识达人 编著

成都地图出版社

图书在版编目（CIP）数据

发现自然的秘密 / 知识达人编著 . — 成都：成都地图出版社 , 2017.1（2021.5 重印）
（神秘教室）
ISBN 978-7-5557-0475-1

Ⅰ . ①发… Ⅱ . ①知… Ⅲ . ①自然科学－普及读物 Ⅳ . ① N49

中国版本图书馆 CIP 数据核字 (2016) 第 213083 号

神秘教室——发现自然的秘密

责任编辑：马红文
封面设计：纸上魔方

出版发行：	成都地图出版社
地　　址：	成都市龙泉驿区建设路 2 号
邮政编码：	610100
电　　话：	028－84884826（营销部）
传　　真：	028－84884820

印　　刷：固安县云鼎印刷有限公司
（如发现印装质量问题，影响阅读，请与印刷厂商联系调换）

开　　本：	710mm×1000mm　1/16		
印　　张：	8	字　数：	160 千字
版　　次：	2017 年 1 月第 1 版	印　次：	2021 年 5 月第 4 次印刷
书　　号：	ISBN 978-7-5557-0475-1		
定　　价：	38.00 元		

版权所有，翻印必究

前言

在生活中，你是否遇到过一些不可思议的问题？比如怎么也弯不了的膝盖，怎么用力也无法折断的小木棍。你肯定还遇到过很多不理解的问题，比如天空为什么是蓝色而不是黑色或者红色，为什么会有风雨雷电。当然，你也一定非常奇怪，为什么鸡蛋能够悬在水里，为什么用吸管就能喝到瓶子里的饮料……

我们想要了解这个神奇的世界，就一定要勇敢地通过实践取得真知，像探险家一样，脚踏实地去寻找你想要的那个答案。伟大的科学家爱因斯坦曾经说："学习知识要善于思考，思考，再思考。"除了思考之外，我们还需要动手实践，只有自己亲自动手获得的知识，才是真正属于自己的知识。如果你亲自动手，就会发现膝盖无法弯曲和人体的重心有关，你也会知道小木棍之所以折不断，是因为用力的部位离受力点太远。当然，你也能够解释天空呈现蓝色的原因，以及风雨雷电出现的原因。

一切自然科学都是以实验为基础的，从小养成自己动手做实验的好习惯，是非常有利于培养小朋友们的科学素养的。让我们一起去神秘教室发现电荷的秘密、光的秘密、化学的秘密、人体的秘密、天气的秘密、液体的秘密、动物的秘密、植物的秘密和自然的秘密。这就是本系列书包括的最主要的内容，它全面而详细地向你展示了一个多姿多彩的美妙世界。还在等什么呢，和我们一起在实验的世界中畅游吧！

目 录

移动的地壳 / 1
来回移动的岩浆 / 4
融化的冰河 / 7
保护地球的臭氧层 / 10
地球的温室效应 / 13
神奇的火山爆发 / 16
模拟石油开采 / 19

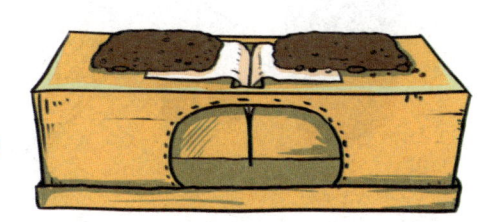

转动的地球 / 22
神秘的太阳钟 / 25
倒挂的钟乳石 / 28
会攀升的岩石 / 31
危险的泥石流 / 34
植物的水土保持作用 / 37

污染土壤的电池废液 / 40
壮观的天然石桥 / 43
地转偏向力的作用 / 46
提炼矿物质 / 49
海陆热力差异 / 52
奇迹般的傅科摆 / 55
白天不懂夜的黑 / 58

美丽的潮汐 / 61
手表指南 / 64
河床上的沙石沉淀 / 67
椭圆形的地球 / 70
地图上的阴影 / 73
山脉和等高线 / 76
洼地等高线 / 79

实地距离的测量 / 82
制作指南针 / 85
土壤侵蚀 / 88
受到挤压的岩石 / 91
裂缝的岩石 / 94
土壤的成分 / 97
矿物的纹理检测 / 100

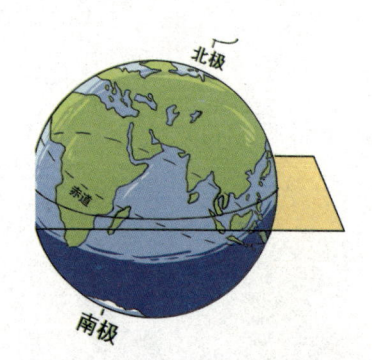

分离物质的水 / 103
检验水中的矿物质 / 106
含盐的海洋 / 109
石头与矿物之间的不同 / 112
自己制作石膏 / 115
绕着沙包转的珠子 / 118

移动的地壳

你需要准备的材料：
- ☆ 一把剪刀
- ☆ 适量黏土
- ☆ 一张纸
- ☆ 一个鞋盒

◎ 实验开始：

1．将准备好的纸按照长60厘米、宽30厘米的尺寸裁剪出来，备用；
2．将鞋盒底部的中央部位剪开一个宽2厘米、长8厘米的口；
3．在鞋盒的侧面开一个孔，孔的大小能伸进你的两只手就可以，然后把鞋盒反过来，让底部朝上；
4．将开始剪好的纸条对折，从鞋盒底部的开口处插进去，再向上拉出约8厘米；
5．在纸的两端分别放上一些黏土，大概为铅笔粗细的厚度，接着将鞋盒内的纸条夹在两手之间，慢慢地向上推，你能发现什么呢？

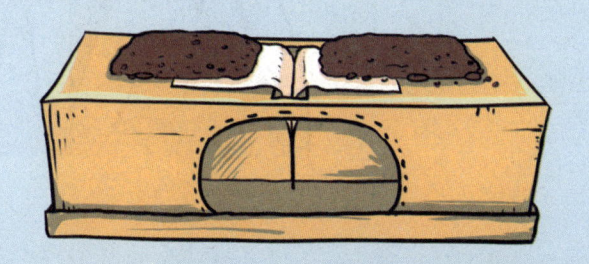

◎ 有趣的发现：

当你往上推纸的时候，黏土就会随着纸朝着两边移动，而纸被你推得越高，黏土之间的距离也就会随之越来越远。

威廉不解地问："查尔斯大叔，不就是黏土移动吗！这又能证明什么呢？"

查尔斯大叔解释说："别看这只是小小的移动，但却真实地反映了地壳运动的原理。你往上推动纸片的过程，就相当于岩浆通过海洋地壳的薄弱缝隙处的过程；而你移动上来的纸就相当于新岩石层，黏土则像最开始的岩石层一样，被新的岩石层推动朝着两侧移动。"

地壳的构造

地壳是地球固体地表构造的最外层，由岩石组成，平均厚度大约为17千米。其中，陆地上地壳的厚度较大，约为35千米。高原和高山地区的地壳较厚些，最厚的地方可达70千米；而平原和盆地的地壳相对较薄。当然，大洋地壳比大陆地壳薄一些，它的厚度只有几千米。

威廉："快跑啊！地壳要裂开了！"

艾米丽无奈地说："威廉，不要再大吵大闹的了，地壳是不可能裂开的。"

"怎么不可能，你看，我刚刚发现那边有一个缝隙。"只见威廉指着年久失修的马路说。

来回移动的岩浆

你需要准备的材料：

☆ 半支牙膏

☆ 一把锥子

◎ 实验开始：

1. 用手指压着盖好盖子的软管牙膏，观察有什么变化；

2. 用锥子在靠近牙膏盖子的地方钻一个小孔，用力把牙膏向外挤压，观察牙膏的变化。

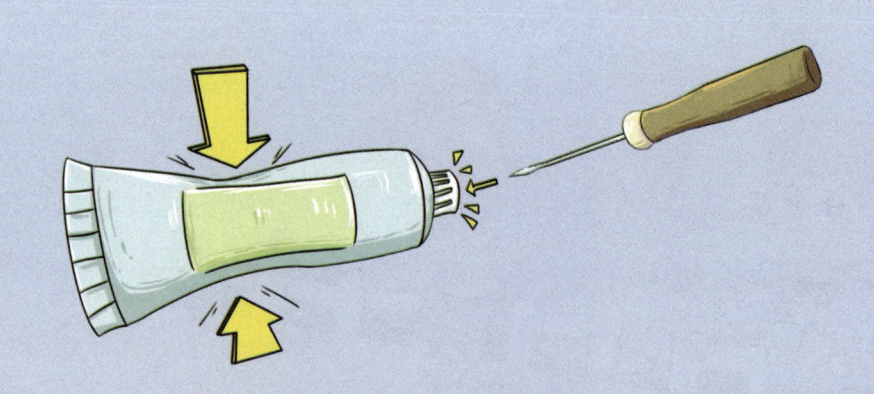

◎有趣的发现：

当用手挤压盖着盖子的牙膏时，靠近盖子的部分会比较膨胀。当用锥子钻了个孔后，牙膏就会从这个孔中出来，并沿着侧面往下流。

威廉一边挤着牙膏一边问："查尔斯大叔，这不就是挤牙膏吗？有什么意义呢？"

查尔斯大叔说："这个实验当然不是为了让你挤牙膏玩，挤牙膏的过程和岩浆喷发的过程其实是一样的。岩石熔化后会在地下累积，形成岩浆。岩浆是液体，可以随着地壳活动，它们既可以在地下冷凝结晶，也能喷出地表冷凝。牙膏中的膏体就像是岩浆，在受到挤压时它们会在一处聚集，一旦发现有能够出去的孔，它们就会喷发出来，这就是火山喷发的原理。"

岩 浆

地壳具有保温的作用，因此距离地心越近的地方，温度也就越高，这就让地壳之下的高温物质呈现液体状态，这些液态物质就是我们所说的岩浆。当岩浆溢出地表的时候，就像刚刚出炉的钢水一样，火红而炽热，其温度最高可达1200℃。其实，岩浆就是地壳深处的一种可挥发的、全部或大部分为液态的硅酸盐熔融体。

艾米丽："威廉，你一直跺地面做什么？"

威廉："艾米丽，你来得正好，快帮我使劲地跺地面。"

艾米丽："你要做什么啊？"

威廉："我想把地下的岩浆跺出来啊！"

融化的冰河

你需要准备的材料：

☆ 一个玻璃杯　☆ 一块木板
☆ 适量沙子　　☆ 一个长钉子
☆ 一块石块　　☆ 一把锤子
☆ 适量水

◎ **实验开始：**

1．把沙子和石块放进玻璃杯内，大约2.5厘米高即可，然后倒入5厘米高的水，模拟河水的情况；

2．把玻璃杯放入冰箱中，等这杯"河水"结冰后取出；

3．加入相同多的水，再次放入冰箱里结冰，反复几次，直至杯子里的水满了为止；

4．取一块长木板，在木板的一端钉入半截长钉子，反转放在地上，让长木板变成一个小斜坡；

5．将冰河模型在温水中热一会儿，直至冰能脱离玻璃杯倒出来，之后用橡皮筋套好冰河的模型，将橡皮筋固定在木板上，你会发现什么呢？

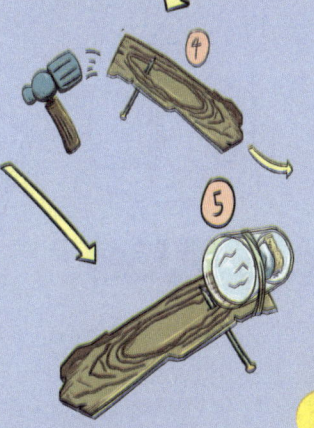

◎有趣的发现：

在室温的条件下，冰河模型开始融化，而且里面的小石头和沙子都会随之掉下来，全部落在木板上。

看到这里，众人都不太理解，威廉不禁问："查尔斯大叔，这个冰河融化能说明什么呢？"

查尔斯大叔说："其实，在现实生活中，冰河解冻时，绝大多数冰块都会因为自身的巨大压力而产生热量，从而会融化掉一部分。尽管融化掉的冰还是会继续冻结，但是因为河流的深度与长度，所有的冰依然会不断融化。这些融冰的力量很大，会推动其他冰块滑行，从而让整个冰河解冻的场面显得十分壮观。"

熔化的原理

所谓熔化，就是加热物质，让物质从固态变成液态的过程。晶体在熔化时会吸收一定的热量，但是温度却保持不变，直至全部变成液体；而非晶体在熔化过程中，会随着温度升高而软化，最后成为液体。

热量

"查尔斯大叔，我感觉自己快要融化掉了！"威廉喘着气说。

查尔斯大叔不解地问："为什么啊？"

"因为天气实在是太热了，我一直都在吸收热量！"威廉无奈地说。

"哈哈，威廉，如果你把身上的大衣脱掉，我敢肯定你不会被融化的……"在一旁的皮特忍不住说。

保护地球的臭氧层

你需要准备的材料：

☆ 一块已经软化的口香糖（要经过充分咀嚼，等到真的软化了再取出）
☆ 一个玻璃瓶
☆ 适量热水
☆ 一个放大镜

◎ **实验开始：**

1. 将已经软化的口香糖捏成圆形；
2. 将热水倒进玻璃瓶中，并用已经捏成圆形的口香糖覆盖瓶口，注意，一定不能留下一点缝隙；
3. 让玻璃瓶稍稍倾斜，直到瓶里的热水能碰触到瓶口的口香糖为止；
4. 拿出放大镜，观察一下口香糖的变化，你会发现什么现象呢？

◎有趣的发现：

在这个实验中，你会发现口香糖在接触到热水后就会慢慢失去弹性，最后会裂开一个洞，并且这个洞会越来越大。

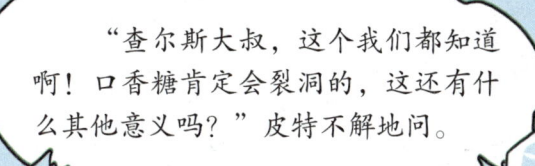

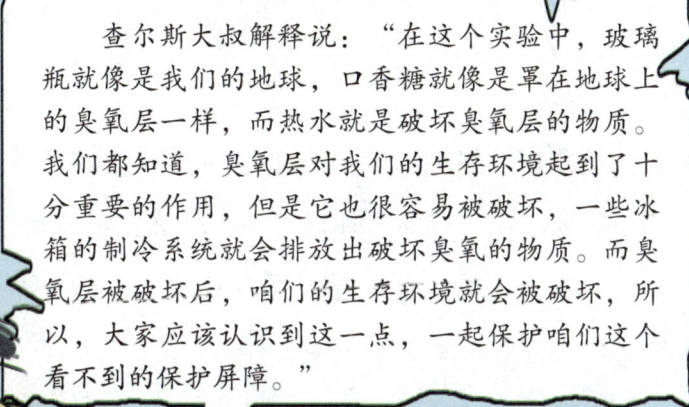

"查尔斯大叔，这个我们都知道啊！口香糖肯定会裂洞的，这还有什么其他意义吗？"皮特不解地问。

查尔斯大叔解释说："在这个实验中，玻璃瓶就像是我们的地球，口香糖就像是罩在地球上的臭氧层一样，而热水就是破坏臭氧层的物质。我们都知道，臭氧层对我们的生存环境起到了十分重要的作用，但是它也很容易被破坏，一些冰箱的制冷系统就会排放出破坏臭氧的物质。而臭氧层被破坏后，咱们的生存环境就会被破坏，所以，大家应该认识到这一点，一起保护咱们这个看不到的保护屏障。"

臭氧层

在大气层的平流层中，有一层臭氧浓度相对较高，这一部分就是臭氧层。而臭氧层的主要作用就是吸收短波紫外线。但是，臭氧的结构十分特殊，这让臭氧非常不稳定，在经过紫外线的照射后，臭氧就分解成氧气分子和氧原子，并形成一个持续的臭氧-氧气的循环过程，像这样，臭氧层就一直在它的区域内不断地更新着。

紫外线

臭氧层

　　威廉在不停地吃着口香糖，而且每个都是嚼两口就吐出来，皮特不解地问："威廉，你这是在做什么？浪费口香糖吗？"

　　"不！我听说臭氧层已经有破洞了，我打算用这些口香糖给它补上！"威廉一本正经地说。

　　皮特说："威廉，查尔斯大叔之前将口香糖比作臭氧层！事实上口香糖就是口香糖！"

地球的温室效应

你需要准备的材料：

☆ 一个泡沫盒
☆ 一个铁罐（高度不要高于泡沫盒）
☆ 一块铁皮（与泡沫盒底部面积相同）
☆ 适量水
☆ 一块玻璃

◎ **实验开始：**

1. 将泡沫盒和铁罐的外壁都涂成黑色；
2. 将铁皮放进泡沫盒内，铁罐内注入半罐水，然后放入泡沫盒中；
3. 在泡沫盒上盖上一块玻璃，并记录时间，等到一两个小时后，记录铁罐内水的温度，你会发现什么呢？

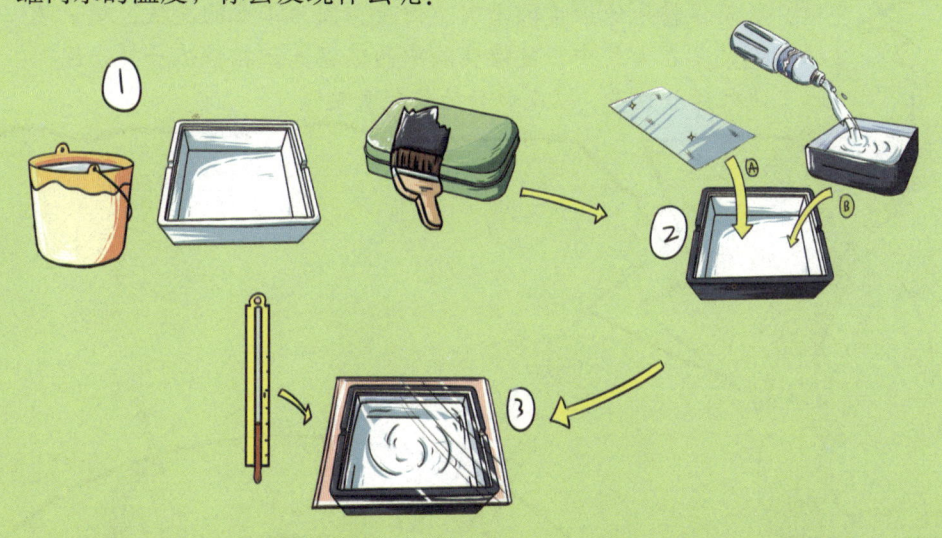

◎ 有趣的发现：

当时间过了一两个小时后，在量铁罐内水的温度时，发现铁罐内的水温变高了，其实这个实验就是在模拟温室效应。

"温室效应？查尔斯大叔，什么叫作温室效应啊？"艾米丽不解地问。

查尔斯大叔说："温室效应是大气保温效应的俗称。就像这个实验一样，当太阳光透过玻璃将热量传递到泡沫盒内部时，这些热量就会被铁盒吸收，并传导给水。虽然热量进得来，但是由于玻璃材质的特殊原因，却不能出去，这个泡沫盒可以说就是一个只吸收热量的盒子。而且，黑色正好是吸热的颜色，铁罐的金属外壁是传递热量的最佳导体，所以，铁罐里面的水温才会变高。而现实生活中，地球吸收了太阳给予的热量，同时也会将一部分热量释放到大气中，从而保持地球温度的平衡。但是，因为工业的发展，越来越多的废气聚集在大气中，就像实验中的玻璃盖阻挡散热一样，废气阻挡了地球释放热量，从而导致地球越来越暖。"

地球变暖的危害

你们可千万不要以为温室效应让地球变暖是件好事,温室效应对我们的生存环境有很大危害。全球温度升高后,南北极冰川会大量融化,海平面也会上升,从而导致海啸、台风等自然灾害发生,也会让夏天非常热、冬天非常冷等极端天气增多。

"威廉,你在做什么?"艾米丽看着正在对着空气扇扇子的威廉问。

"我在帮助地球散热啊!这样就不会有温室效应了。"威廉一边说,一边卖力地扇着扇子。

艾米丽想说些什么,但是却无奈地摇了摇头。

神奇的火山爆发

你需要准备的材料：

☆ 一个细颈瓶
☆ 一瓶醋
☆ 一袋小苏打
☆ 一张白纸
☆ 一把剪刀
☆ 一个脸盆
☆ 适量红色的颜料

◎ 实验开始：

1．将醋和红色的颜料倒入细颈瓶中，并把细颈瓶放入脸盆中；

2．将小苏打倒在白纸上，并卷成较细的纸筒；

3．再取出一些白纸，围绕在细颈瓶旁，做成一个类似火山的形状；

4．拿着刚才装小苏打的纸筒，迅速将纸筒内的小苏打倒入细颈瓶内，你会发现什么呢？

◎ **有趣的发现：**

当你把小苏打倒入细颈瓶后，就会出现"火山爆发"的现象，细颈瓶内就会涌出像可乐泡沫状的物体。

"查尔斯大叔，这也太神奇了，怎么会喷出东西来呢？"皮特不解地问。

查尔斯大叔笑着解释说："细颈瓶之所以会喷出东西，是因为醋和小苏打发生了化学反应。醋就是酸，而小苏打就是碱，当酸和碱遇到一起，就会发生化学反应，生成的二氧化碳会从瓶口溢出。而细颈瓶的瓶口很小，二氧化碳上升的过程就会受到很大的压力，当酸碱反应物喷出瓶口的时候，就形成了这样的景像，像火山爆发一样。"

火山喷发

火山喷发就是地壳运动的一种表现形式,这同样也是地球内部的热能表现在地表的一种形式。因为岩浆中含有大量的挥发物质,再加上覆岩层的围压,使得那些挥发物质只能溶解在岩浆中而无法溢出。一旦岩浆上升靠近地表,由于压力减小,这些挥发物质就会急剧释放出来,从而出现火山喷发现象。

"皮特,快走,我们去捡烤鸭!"威廉兴奋地对皮特说。

而皮特不解地问:"去哪儿捡烤鸭啊?"

"去火山口啊,只要它一喷发,旁边的鸭子可不都变成'烤鸭'啦!"

模拟石油开采

你需要准备的材料：

☆ 一个带有盖子的玻璃杯（如吃完的罐头瓶子）
☆ 一把小刀
☆ 一瓶液体胶
☆ 两个玻璃杯
☆ 两根吸管
☆ 一把锥子
☆ 一个漏斗
☆ 适量食用油
☆ 一些小碎石

◎ **实验开始：**

1．将碎石放进瓶子里，然后再往里面倒入食用油，大约在瓶子1/2处即可；

2．将瓶子的盖子用锥子扎出两个小孔，这两个孔之间的距离大约为4厘米，然后盖上盖子，将两根吸管插入扎好的小孔中，一根吸管插入到底部，一根插在瓶子的1/2处；

3．用液体胶封闭瓶盖和吸管之间的空隙；

4．将漏斗插在那根插到瓶子底部的吸管上，同时向漏斗中倒入清水，你会发现什么现象呢？

◎ **有趣的发现：**

当你向漏斗中倒入清水的时候，你会发现从另一个吸管会流出食用油，其实，这个实验就是在模拟一个石油开采的过程。

艾米丽问："查尔斯大叔，难道石油就是这样开采出来的吗？"

查尔斯大叔解释说："石油确实是这样开采出来的。这个密封的瓶子，就像是地底下拥有油的岩层，而人们注入清水的管子就像是石油开采中的注水管，而另一根管子就像是出油管。因为油比水的密度小，不易与水结合，所以人们才会利用这种方法来开采石油。"

密度

石油到底是什么

石油又叫作原油,是一种黏稠的深褐色液体。石油只贮存在地壳上层的部分区域,其主要成分是各种烷烃、环烷烃、芳香烃的混合物。石油的形成非常不易,它需要古代海洋或湖泊中的生物经过漫长的演化才能形成,是一种化石燃料。而在现实生活中,石油的用途也十分广泛,它主要被用来作燃料,也是许多化学工业产品,如化肥、杀虫剂和塑料等的原料。

"皮特,你快来帮帮我,为什么弄出来的酒就是不对味呢?"威廉正在用刚刚开采石油的方法"开采"酒。

皮特吃惊地望着他,说:"威廉,你不会把水倒进去了吧?"

威廉点点头。皮特无奈地说:"威廉,你还是快点逃走吧,要是让查尔斯大叔知道你毁了他珍藏的酒,他是不会饶过你的!"

转动的地球

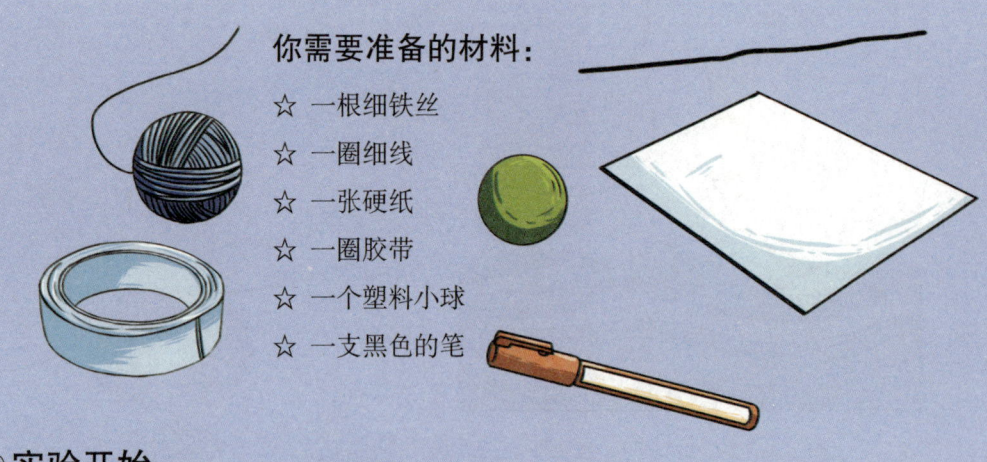

你需要准备的材料：

☆ 一根细铁丝
☆ 一圈细线
☆ 一张硬纸
☆ 一圈胶带
☆ 一个塑料小球
☆ 一支黑色的笔

◎ **实验开始：**

1. 将铁丝插入小球中，并用细线绑住铁丝的末端；
2. 用胶带把细线粘在天花板上，并推动小球，让它摆动起来；
3. 在纸上画一条黑线，并将这张纸置于小球的正下方，让小球沿着这条线进行摆动；
4. 在经过大约两个小时后，观察一下摆动的小球，你会发现什么呢？

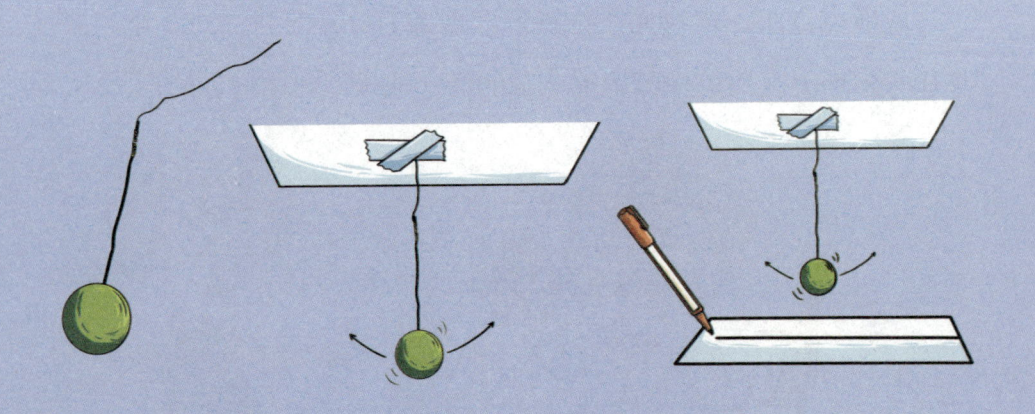

◎ **有趣的发现：**

由于惯性的原因，小球在两个小时后还是在摆动中，但是，你会发现摆动的方向已经不是按照那条直线摆动，而是发生了偏移。

皮特不解地问："查尔斯大叔，这是怎么回事啊？小球怎么自己摇晃着就改变方向了呢？"

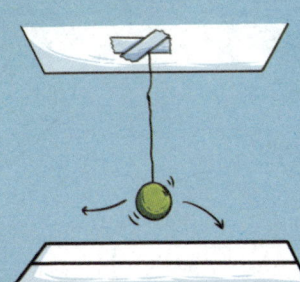

查尔斯大叔解释说："其实这个实验证明了我们的地球在不断地运动。正是因为地球的运动，才让地球上的物体也随之转动。当我们的房屋因为地球的运动而改变位置时，桌子上的纸也会改变位置。而小球由于受到惯性的作用，一直是按照原来的方向进行摆动，所以，你才会看到小球偏离了原来的直线摆动。"

地球板块漂移与地球自转密切相关

地球板块的漂移也就是大陆和海洋都在发生大规模的水平运动，而该运动也是因为地球自转所引起的。因为地球被大气自西向东的纬向环流推动自转，这就让大气对地球表面产生了巨大的摩擦力，再加上大气环流与风的各种因素，就形成了让地球板块漂移的重要因素。

"威廉，快要迟到了，快点走吧！"皮特边说着边拉起坐在沙发上的威廉。

可是威廉仍旧是一动不动，皮特有些着急了，问他："你这是干什么？不去上课了吗？"

"去呀，查尔斯大叔不是告诉我们说地球在不断地运动吗，这样我已经在上课的路上了。"威廉解释道。

皮特有些无奈，说："威廉，你虽然在动，但是其他东西也在动，你这么坐着是到不了学校的

神秘的太阳钟

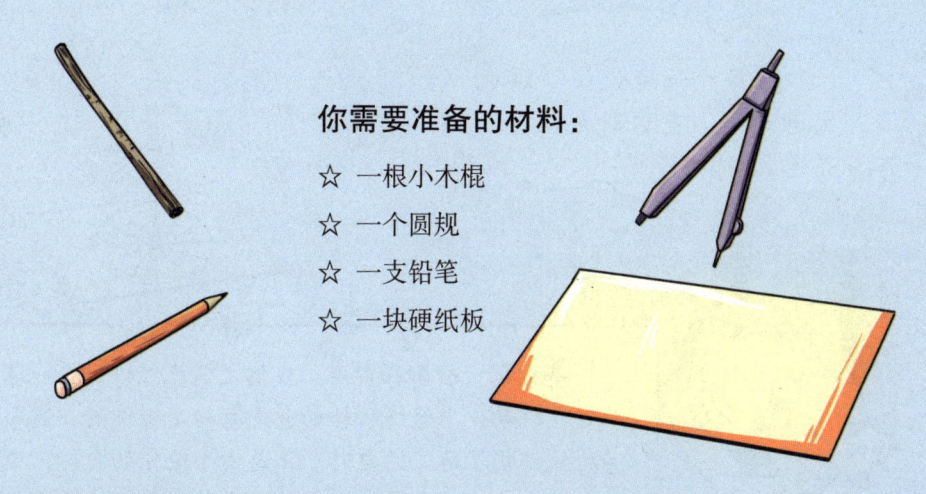

你需要准备的材料：

☆ 一根小木棍
☆ 一个圆规
☆ 一支铅笔
☆ 一块硬纸板

◎ 实验开始：

1. 用圆规在硬纸板上画一个直径为20厘米的圆，并将小木棍插在圆心；
2. 将上述做好的东西放到阳光下；
3. 每当在整点的时候，就沿着木棍的影子画一条线，并标明刻度；
4. 在实验过程中不要移动你的硬纸板，等画好后，你会发现什么有趣的现象呢？

◎ **有趣的发现：**

每一个小时，沿着木棍的影子画一条线，当你全部画好后，你是不是惊奇地发现，这个圆居然变成了一块表的样子。

威廉吃惊地说："这也太神奇了，查尔斯大叔，这是怎么回事啊？"

查尔斯大叔解释说："我们之前已经说过，地球一直在转动，当然这种转动也是有一定规律的，这个实验就证明了地球的自转。正是由于地球的自转，太阳光照射地球的角度也在不断发生着变化，这就让小木棍的影子也随之发生变化，而正是因为这种规律，才让我们通过小木棍的影子计算出了时间。"

地球的转动

所谓地球自转，就是地球绕自转轴自西向东地转动。从北极上空看地球转动的方向，是呈逆时针旋转的；而从南极上空看地球转动的方向，则是呈顺时针旋转。而地球公转就是地球围绕太阳转动的轨道运动。

"艾米丽，现在几点了啊？"威廉问。

艾米丽将工具放在太阳底下，说："已经两点多了。"

威廉说："怎么可能，明明是十点钟。"

艾米丽："威廉，你难道不知道在用这种方法计算时间时，要面朝北吗？"

倒挂的钟乳石

你需要准备的材料：

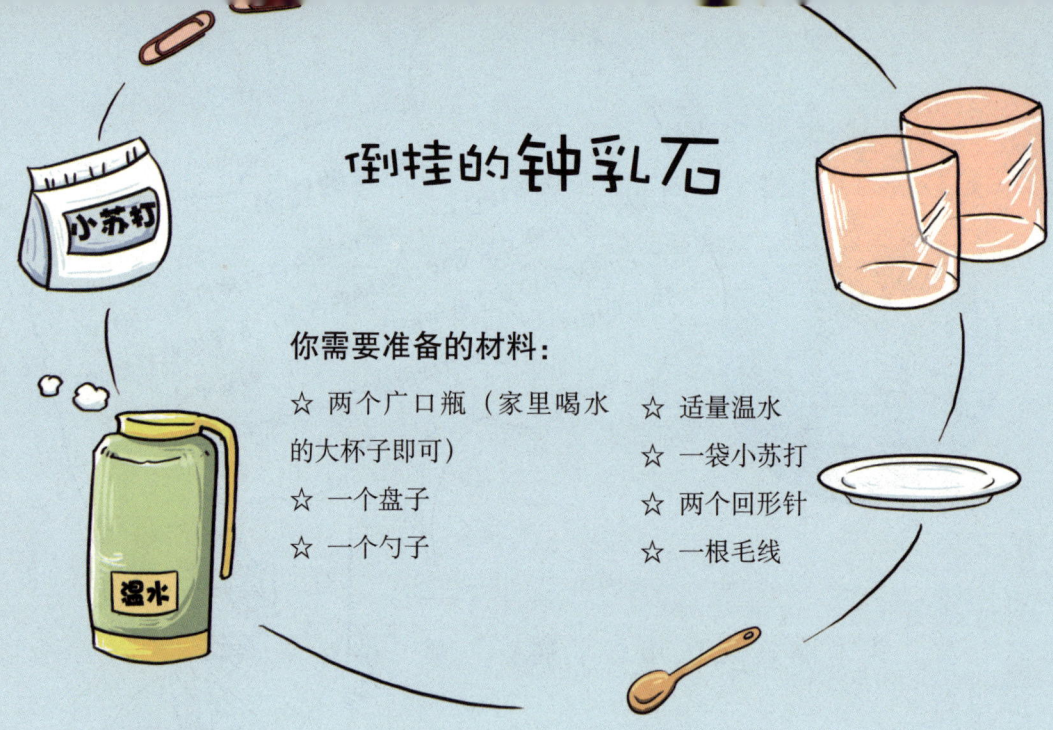

☆ 两个广口瓶（家里喝水的大杯子即可）
☆ 一个盘子
☆ 一个勺子
☆ 适量温水
☆ 一袋小苏打
☆ 两个回形针
☆ 一根毛线

◎ 实验开始：

1. 在两个杯子中分别倒入等量的温水和小苏打，边加入边搅拌，直到小苏打充分溶解为止；

2. 将两个杯子分开放置，把盘子放在这两个杯子中间；

3. 在毛线的两端别上回形针，并分别放入两个杯子里，毛线需要悬在杯子上；

4. 不要移动这些设备的位置，过几天后，你会发现什么现象呢？

◎ 有趣的发现：

过了几天，再来观察，你会发现毛线的中间有小小的钟乳石，还有一部分水沿着毛线掉进了盘子中。

众人看到这个现象后十分不解，艾米丽问："查尔斯大叔，为什么会这样呢？"

查尔斯大叔说："这个实验就是让你们看看岩洞中的钟乳石是如何产生的。在实验中，小苏打溶液会浸湿毛线，并顺着毛线不断地向上走，这些溶液最后都聚集在毛线的中间部分。随着水分的蒸发，析出的小苏打固体就会在毛线中间不断地累积，最后就形成了钟乳石。"

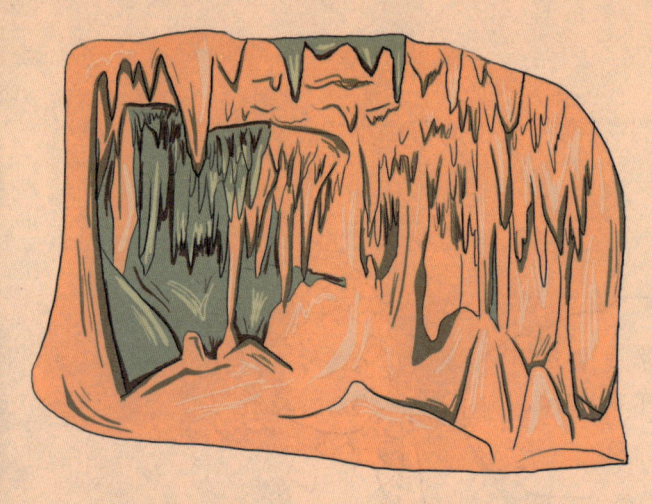

钟乳石

钟乳石又叫作石钟乳，是从溶洞顶部垂下来的一种碳酸钙沉淀物。它们是经过漫长的地质演变，在特定的地质条件下形成的。钟乳石的形成通常都需要上万年或几十万年时间，所以非常具有考究价值。它主要有石钟乳、石笋、石柱等不同形态。

"威廉，咱们一起来做一个大的钟乳石吧！"皮特说。

威廉："怎么做呢？"

皮特："找两个大一点的水桶，当然了，还要借用一下你的新毛衣！"

会攀升的岩石

你需要准备的材料：

☆ 一个大头针
☆ 适量水
☆ 一个罐头瓶
☆ 一个圆规
☆ 适量食用油
☆ 一个胶卷盒

◎ 实验开始：

1. 向罐头瓶中加入一半左右的水，向胶卷盒里倒满油；
2. 用圆规尖尖的部分扎胶卷盒，扎几个小洞即可，并将大头针扎入胶卷盒盖； 
3. 捏着大头针，把胶卷盒放入装有水的罐头瓶底部，你发现了什么呢？

◎**有趣的发现：**

当你轻轻把胶卷盒往水里放入时，你会发现胶卷盒里面的油居然从小孔中冒了出来，并浮到了水面上。

皮特在做实验的时候，觉得十分有趣，一直在来回移动胶卷盒，也不禁问："查尔斯大叔，快点告诉我们这是为什么吧！"

查尔斯大叔解释道："其实这个实验就是在告诉我们，平时看到的那些岩石是怎么出现在地球表面的。相信你们都知道，地球的内部是由岩石构成的，由于地球内部温度很高，当岩石受热后，就会逐渐熔化变形，形成像水一样的岩滴。这些岩滴会进入地球的表面，当它往外挤时，岩滴的热量会软化地壳；而当这种运动发展到一定程度后，岩滴就会穿过障碍物来到地球的表面。"

岩 石

岩石主要有三种形态：一种是固态；一种是气态，如天然气；还有一种是液态，如石油。该其中以固态物质为主，它们是组成地壳的物质之一，是构成地球岩石圈的主要成分。

威廉正在用酒精灯烧石头，在一旁的艾米丽看到后很不解地问："威廉，你在做什么呢？"

威廉自豪地说："我在烧石头啊！"

艾米丽："你烧石头做什么？"

威廉："这样就能看到岩浆了啊！"

艾米丽："威廉，你确定用酒精灯就能把石头烧化吗？"

危险的泥石流

你需要准备的材料：

- ☆ 泥土
- ☆ 一个水杯
- ☆ 适量水
- ☆ 一块草皮
- ☆ 一把小铲子
- ☆ 若干书本
- ☆ 三个盘子

◎ 实验开始：

1．在第一个盘子中放入潮湿的泥土，用铲子把土压实，形成一个坚固层，并在它的上面撒上一层松散的泥土；

2．在这个盘子下面垫上几本书，让盘子呈倾斜的状态；

3．用装有水的杯子从土堆的顶端浇水，观察有什么变化；

4．根据步骤1做两个有坚固层和松散土的盘子，并在其中一个盘子上面覆盖一层草皮；

5．分别往这两个盘子下垫上书，使之倾斜角度相同，并从顶端浇水，观察有什么变化。

◎**有趣的发现：**

第一个盘子里面的松土肯定会顺着水流往下流；后面两个盘子中，覆盖草皮的盘子不会有松土顺着水往下流，而没有草皮的盘子和第一个盘子的结果是一样的。

"查尔斯大叔，为什么就这个有草皮的盘子里的泥土没有往下流呢？"艾米丽不解地问。

"这个实验模拟的就是泥石流的现象。"查尔斯大叔停了停，又接着说，"泥石流主要出现在地势险要的地区，是因自然灾害导致的山体滑坡，就像实验中的松土一样，会自己往下流。但是真正的泥石流中，流下来的并不只是泥土，还会夹杂着石头等，破坏性很大。但是有一种方法可以阻止泥石流，就是种植绿色植物，就像试验中的草皮一样，因为它们的根系会紧紧抓住那些松土，让泥土不会顺着水流下来。"

产生泥石流的原因

形成泥石流的原因有很多，除了地震外，那些地势险峻、地表松散的地方，一旦遭遇山洪、暴雨，就可能形成泥石流。虽然泥石流的持续时间不长，但是其造成的灾害却不小，它们往往会吞没农田、堵塞河道、毁坏道路，给人们的生产和生活带来很大不便，严重时甚至会引起伤亡。

"艾米丽、皮特，咱们去山上植树去吧！这样就可以阻止泥石流的发生了！"威廉严肃地说。

艾米丽摇了摇头，而皮特根本就没有给他回应。

"咱们这是去做好事，为什么你们都不去呢？"威廉有些恼怒。

皮特悠悠地说："威廉，你没忘了现在是冬天吧？"

植物的水土保持作用

你需要准备的材料：

☆ 一块带有根系的草皮 
☆ 一块长形的木板
☆ 适量的用泥土和水做出来的河泥
☆ 一个喷壶
☆ 一个脸盆

◎ 实验开始：

1. 将木板斜放在脸盆中，并把河泥放在木板的中间；
2. 将草皮放在河泥上，并用装满水的喷壶浇草皮，观察一下脸盆里面水的浑浊度；  
3. 拿开草皮，只是放一些土，再用喷壶浇，观察水的浑浊度。

◎**有趣的发现：**

第一次浇水，虽然草皮底下是河泥，但是，流出来的水却较为清澈。第二次浇水，流到脸盆中的水就比较浑浊。

做完实验后，皮特问："查尔斯大叔，为什么有草皮的就比较清澈呢？"

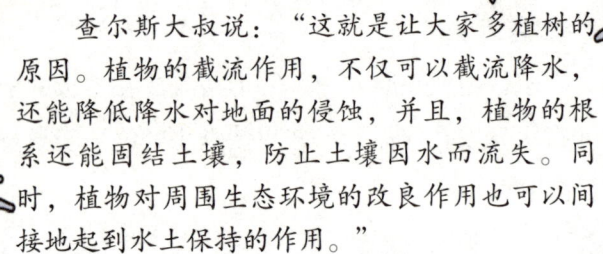

查尔斯大叔说："这就是让大家多植树的原因。植物的截流作用，不仅可以截流降水，还能降低降水对地面的侵蚀，并且，植物的根系还能固结土壤，防止土壤因水而流失。同时，植物对周围生态环境的改良作用也可以间接地起到水土保持的作用。"

导致水土流失的原因

在湿润或半湿润地区，不合理利用极易产生水土流失。不利的自然环境和人类的被破坏就会导致沙尘暴或者土地荒漠化，但这不能称为水土流失。当然了，水土流失的最根本原因就是植被被严重破坏。由于雨水和地表水的冲刷，想要防止水土流失，就需要加大植被的覆盖率，只有这样才能保持水土，起到预防的作用。

"春天来了，咱们现在可以去山上种植一些竹子吧，防止水土流失。"威廉看着艾米丽与皮特说。

皮特不可思议地看着他："威廉，到山上种植物是件好事，但是，你确定在咱们这个寒冷的北方，在山上种植竹子能存活吗？"

39

污染土壤的电池废液

你需要准备的材料：

☆ 一些大豆种子
☆ 两个花盆
☆ 一堆细沙
☆ 一节废旧电池
☆ 一把剪刀

◎ 实验开始：

1．将细沙分别倒入两个花盆中，并在两个花盆中加入相同数量的大豆种子，记录种子的数量；

2．在爸爸妈妈的帮助下用剪刀把废旧电池剪开，并将里面的电池废液加水稀释，用稀释了的水浇灌其中一盆大豆种子；

3．把两盆种子放入适合种子生长的环境中，室温为25℃~30℃；

4．过了10天后，观察这两盆种子，看看它们的发芽率。

◎ **有趣的发现：**

你会发现，被电池废液浇灌的那盆种子没有一颗发芽，而那盆正常水浇灌的种子，已经长出了几株嫩芽。

"天啊！怎么会这样？"威廉吃惊地叫道。

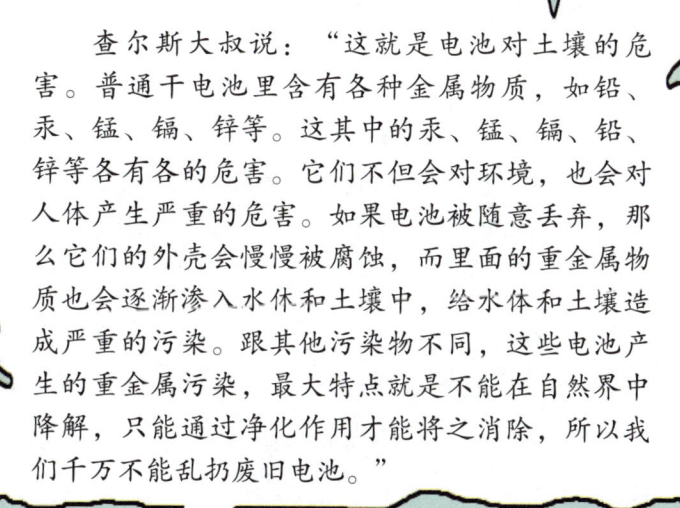

查尔斯大叔说："这就是电池对土壤的危害。普通干电池里含有各种金属物质，如铅、汞、锰、镉、锌等。这其中的汞、锰、镉、铅、锌等各有各的危害。它们不但会对环境，也会对人体产生严重的危害。如果电池被随意丢弃，那么它们的外壳会慢慢被腐蚀，而里面的重金属物质也会逐渐渗入水体和土壤中，给水体和土壤造成严重的污染。跟其他污染物不同，这些电池产生的重金属污染，最大特点就是不能在自然界中降解，只能通过净化作用才能将之消除，所以我们千万不能乱扔废旧电池。"

正确对待废旧电池

如何避免废旧电池对环境的污染呢？其实回收就是一种好方法。废旧电池中，95%的物质都可以回收利用，特别是里面的重金属，回收价值最高。在废旧电池中，每回收1000克金属，就能回收82克的汞、88克的镉。这样，不仅解决了环境污染的问题，还实现了资源的回收再利用。

"威廉，你在那里剪什么东西呢？"艾米丽不解地问他。

威廉一边剪一边说："因为我想要把废电池里的重金属都收集起来，不是说这些金属可以回收再利用吗？"

艾米丽摇了摇头，说："废电池里的液体具有腐蚀性，你最好是戴上一副手套，再准备一个容器装一下这些液体。懂得废物回收再利用是好事，但事先要做好保护自己的措施。"

壮观的天然石桥

你需要准备的材料：

☆ 几本书

☆ 两把一样的椅子

◎ 实验开始：

1. 将两把椅子水平放好，两椅子之间相隔约30厘米；
2. 在椅子上分别放上一本书，书要与椅子的边缘对齐；
3. 继续放书，但放书时，书的边缘都要稍微超出前一本书；
4. 当书越堆越高时，椅子之间书的距离就越来越近，当两个椅子的书已经挨到时，最后一本书就放在两本书的中间，现在看一看，两摞书堆放成了什么形状呢？

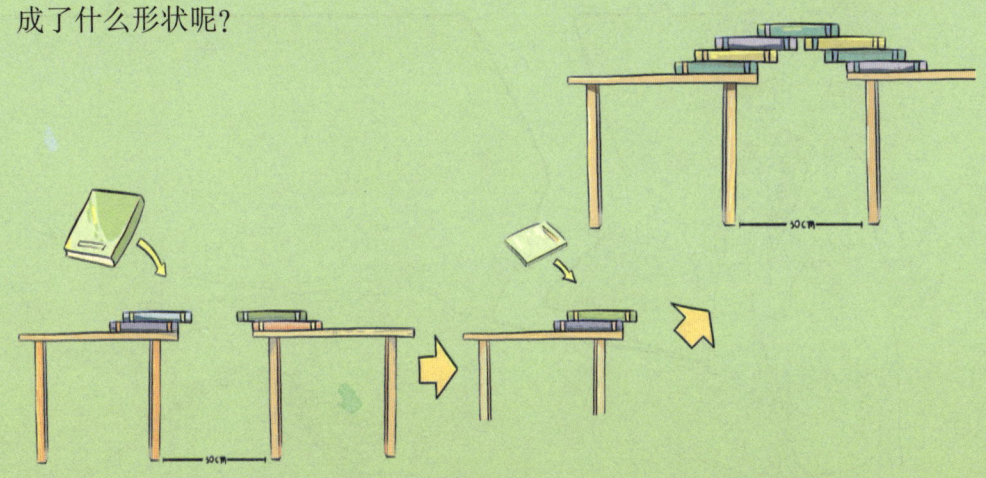

◎ **有趣的发现：**

当完成实验步骤后，你会发现，这些书最后堆成了一个桥的形状。

"查尔斯大叔，不就是堆成桥形吗？有什么特殊意义吗？"皮特不解地问。

查尔斯大叔说："其实这个实验就证明了天然石桥不会坍塌的原因。在自然界中，因为有风化或者水的侵蚀，很多较软的岩石就会被侵蚀，而中间坚硬的岩石则会形成天然的桥梁。但是由于任何物体都有重心，这些天然桥梁中，岩石的重心都会落在桥梁两边的岩石上，就像实验中书堆放的样子一样，承受大部分力量的是两边，而不是中间那一点。"

所谓重力，就是受到地球的吸引而让物体受到的力。物体的每个部分都能受到重力的作用。但是，为了看清效果，也可以认为各部分受到的重力全部集中在一个点上，我们称这个点为重力的等效作用点，也就是物体的重心。

走在公园的小桥上，威廉："艾米丽，你说这座桥是不是天然石桥呢？你看你看，下面有水，还经过风雨的侵蚀，肯定是天然石桥。"

艾米丽："威廉，你确定天然石桥上能长出栏杆？或者它还能自己美化自己，在桥面上长出浮雕？"

地转偏向力的作用

你需要准备的材料：

☆ 一张白纸
☆ 一把剪刀
☆ 一支滴管
☆ 一把尺子
☆ 一瓶墨水
☆ 一支铅笔
☆ 一个圆规

◎ **实验开始：**

1. 用圆规在白纸上画一个直径为20厘米的圆，并沿着所画出来的圆，剪成圆形；

2. 用铅笔的笔尖戳进纸片的圆心；

3. 用滴管蘸墨水，滴一滴在靠近铅笔的纸片上；

4. 捏紧铅笔，按逆时针方向旋转铅笔，观察会出现什么现象；

5. 按照同样步骤，按照顺时针方向旋转，观察会出现什么现象。

◎ **有趣的发现：**

顺时针旋转纸片，你会发现墨滴向左下方移动，而逆时针旋转纸片时，墨滴则会向右下方移动。

"为什么墨滴会这么移动呢？它应该按照一个弧形移动才对啊！"威廉不解地问。

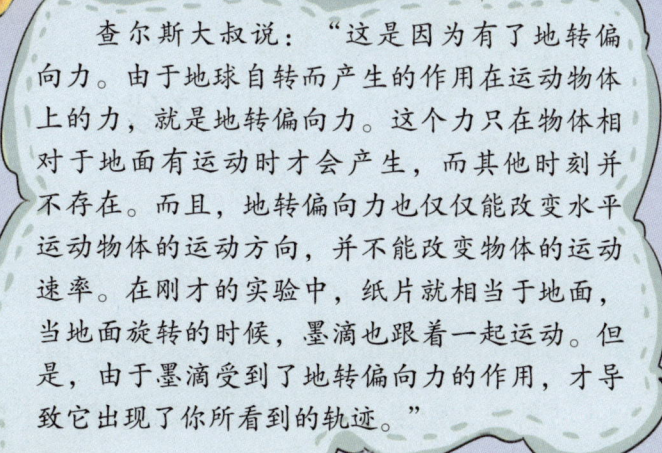

查尔斯大叔说："这是因为有了地转偏向力。由于地球自转而产生的作用在运动物体上的力，就是地转偏向力。这个力只在物体相对于地面有运动时才会产生，而其他时刻并不存在。而且，地转偏向力也仅仅能改变水平运动物体的运动方向，并不能改变物体的运动速率。在刚才的实验中，纸片就相当于地面，当地面旋转的时候，墨滴也跟着一起运动。但是，由于墨滴受到了地转偏向力的作用，才导致它出现了你所看到的轨迹。"

地转偏向力

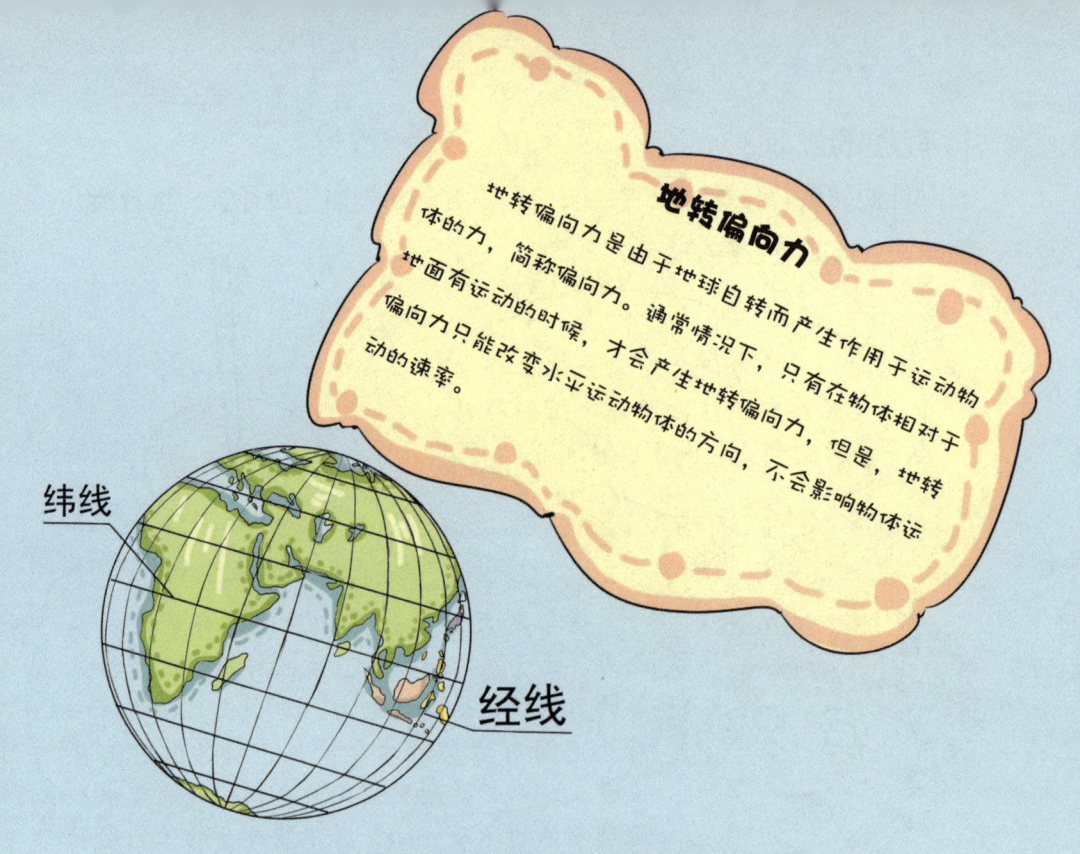

地转偏向力是由于地球自转而产生作用于运动物体的力，简称偏向力。通常情况下，只有在物体相对于地面有运动的时候，才会产生地转偏向力，但是，地转偏向力只能改变水平运动物体的方向，不会影响物体运动的速率。

纬线

经线

皮特："威廉，你为什么走路的时候总是摇摇晃晃的？"

威廉："嘻嘻嘻，因为我受到了地转偏向力啊！"

皮特无奈地说："到时候你摔倒了我可不扶你！"

话刚说完，威廉就惨叫一声，因为晃悠得太厉害摔倒了。

提炼矿物质

你需要准备的材料：
☆ 适量水
☆ 一块玻璃片
☆ 一个衣服夹
☆ 一盒火柴
☆ 一盏酒精灯

◎ 实验开始：

1. 用衣服夹夹住一块干净的玻璃片；

2. 用火柴将酒精灯点燃，并在刚才被衣服夹夹住的玻璃片上洒上几滴水，拿着衣服夹，将玻璃片放在酒精灯上烘烤（烘烤时不要让火焰接触到玻璃片哦）；

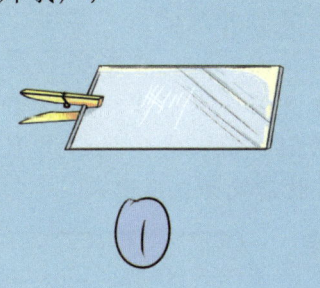

3. 玻璃片的水烘干后，观察玻璃片，你会发现上面有什么呢？

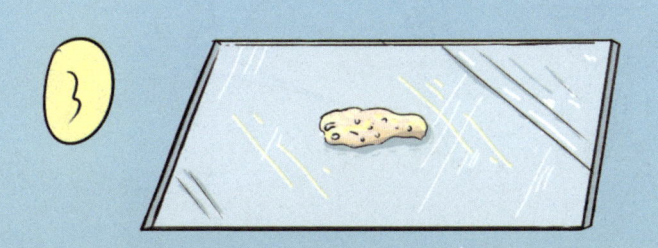

◎ 有趣的发现：

当玻璃片烘干后，你会发现开始有水滴的地方，烘干后有白色的痕迹。

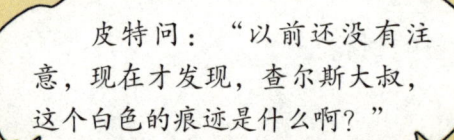

皮特问："以前还没有注意，现在才发现，查尔斯大叔，这个白色的痕迹是什么啊？"

查尔斯大叔解释道："这个白色的痕迹就是水中的矿物质。"

"矿物质？为什么我们在水里看不到呢？"威廉不解地问。

查尔斯大叔说："其实，在经过水的浸泡之后，这些矿物质中的一部分会溶解在水中，所以你们看不到它们；而当我们把水烘干后，这些矿物质就会显现出来。"

矿物质

矿物质是人体内无机物的总称，也是在地壳中存在的天然元素，又叫作无机盐。矿物质就像维生素一样，是人体所必需的元素。如果人体长期缺乏矿物质，会引起一些营养缺乏病，比如碘缺乏会引起甲状腺肿大。

威廉神秘地说："艾米丽，我发现了一个秘密。"

艾米丽："什么秘密？"

威廉："酒里面的矿物质和水里面的矿物质是一样的！"

艾米丽满脸无奈："威廉，你难道不知道酒精是会挥发的吗？酒精挥发了剩下的就是水啊！"

艾米丽看了看威廉还没烧完的酒，说："威廉，你是不是又拿了查尔斯大叔的酒？"

海陆热力差异

你需要准备的材料：
☆ 两个烧杯
☆ 一些清水
☆ 一些细沙
☆ 两支温度计

◎ 实验开始：

1. 在一个烧杯中倒入清水，在另一个烧杯中倒入等量的细沙，然后在两个烧杯中各插入一支温度计；
2. 将两个烧杯同时拿到太阳底下暴晒，过一段时间，读出两支温度计上的温度值；
3. 再将烧杯拿到室内，过一段时间后，再读出两支温度计上的温度值；
4. 比较两次读出的数据，你发现了什么？

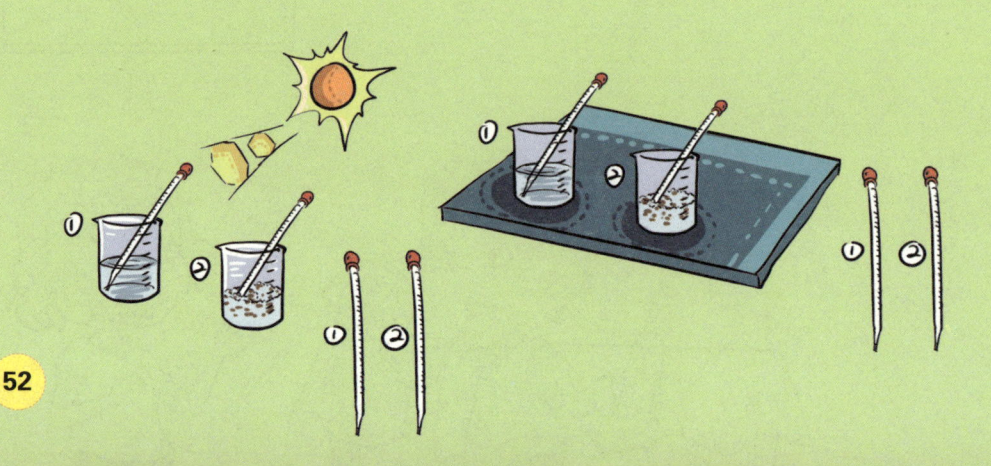

◎ **有趣的发现：**

你会发现，经过太阳的暴晒后，细沙的温度要比清水的温度高得多；而在室内放置一会儿之后，细沙的温度又比清水的温度下降得快很多。

艾米丽问："查尔斯大叔，这是怎么回事呢？"

查尔斯大叔："这是因为细沙的比热容较小，而水的比热容较大，因此细沙吸收热量的速度要比水吸收热量的速度快很多。但是同样的道理，细沙释放热量的速度也比水释放热量的速度快很多。这就是为什么人们总觉得沙滩在烈日下很烫脚，海水却是那么的温和；而夜晚沙滩变凉，海水却还是那么的温和。"

比热容

比热容，在物理学中又被称为热容量，它表示的是一定单位质量的物质改变自身温度时吸收或释放的热量。在我们经常能够接触到的事物中，水的比热容就较大。无论是在工农业生产中，还是在日常生活中，它的这一特性都被人们加以广泛地应用，并且水的这一特性还对气候的变化有着显著的影响。白天，内陆地区比沿海地区升温快；夜晚，内陆地区比沿海地区降温也快。正因为如此，沿海地区一年四季的温度变化波动较小，而内陆一年四季的温度变化波动却很大。

威廉："今年冬天我要多弄些沙子回家。"

皮特："要那么多沙子干什么呀？"

威廉："白天拿到室外去吸热，晚上再拿进屋里散热，这样我们家的屋子就非常温暖了。"

皮特："你的想象力真丰富，那你家岂不是变成沙漠了。"

奇迹般的傅科摆

你需要准备的材料：
☆ 一个盘子
☆ 三根筷子
☆ 一根绳子
☆ 一个实心小球

◎ 实验开始：

1．用三根筷子做一个三脚架，并用绳子固定，注意一定要保证三脚架的平衡与稳定性；

2．将小球用绳固定，并悬挂在三脚架上；

3．将三脚架放在盘子上，并在盘子上画一条通过圆心的直线；

4．沿着盘子上的线摇摆小球，过一段时间再观察小球，你会发现什么变化？

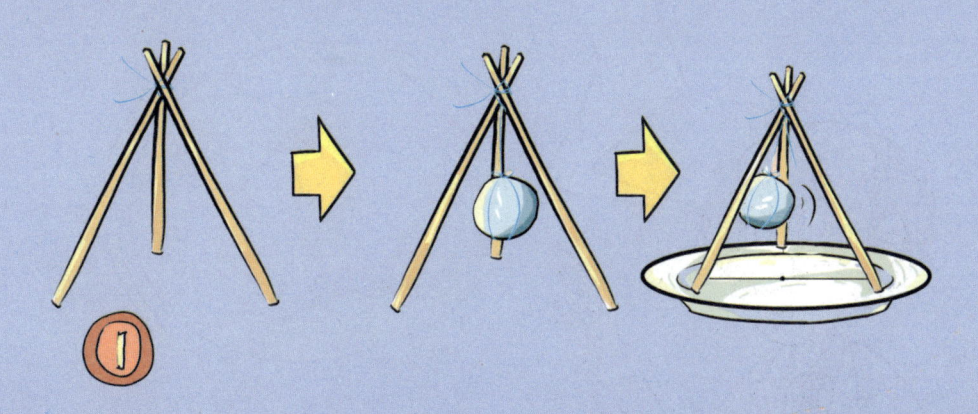

◎ **有趣的发现：**

当你过一段时间再观察摇摆的小球时，你会发现原本沿着盘子上直线摆动的小球，摆动方向发生了变化。

威廉不解地问："查尔斯大叔，不就是小球摇摆的轨迹发生变化了吗？还有什么其他特殊的含义吗？"

查尔斯大叔说："当然了，按照咱们的理解，当一个物体在摆动的时候，在没有其他力干扰的情况下，它会因为惯性的作用一直重复这一个动作，不可能让摆动方向发生变化。而这个实验中，小球的摆动方向却发生了变化，就是因为地球自己在逆时针转动。而这个实验就是证明了地球在自转。"

傅科摆

在1851年的时候，法国物理学家傅科成功地做了一次摆动实验，从而有力地证明了地球的自转，傅科摆也因此而得名。

威廉："皮特，快点来帮帮我！"

皮特看到威廉坐在秋千上，下面还画着一条线，明显是想要模仿傅科摆实验，不禁问他："威廉，你想要做什么？"

威廉："我想要感受一下地球的自转啊！"

皮特："可是你确定这棵小树能承受住你的身体重量吗？"

白天不懂夜的黑

你需要准备的材料：

☆ 一个手电筒
☆ 一件暗色的衬衫
☆ 小镜子

◎ **实验开始：**

1. 穿上暗色的衬衫，面对着手电筒，在距离手电筒30厘米的地方站好；

2. 将手电筒放在桌子上，打开开关，并关闭屋子里其他的灯；

3. 用手电筒照在暗色衬衫上面，观察光的强度；

4. 站在原地向左转动，并调整镜子的角度，让你能够通过镜子看到后面反射过来的光线；

5. 比较一下光的强弱，你发现了什么？

左转

◎有趣的发现：

当你向左转动时，衬衫的前面变暗，当镜子反射的光照到衬衫前面时逐渐变亮，但是比直射的光线要暗得多。

皮特："查尔斯大叔，这个就是为什么黑夜比白天要黑的原因吗？"

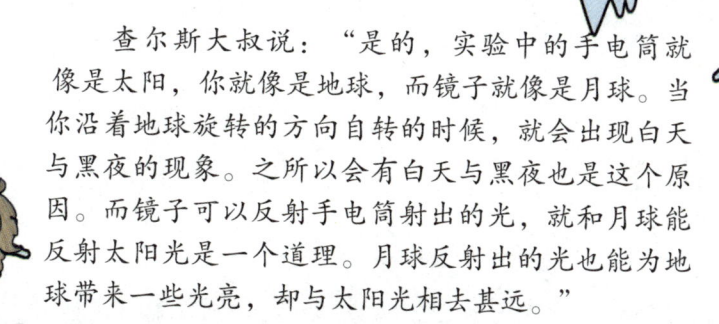

查尔斯大叔说："是的，实验中的手电筒就像是太阳，你就像是地球，而镜子就像是月球。当你沿着地球旋转的方向自转的时候，就会出现白天与黑夜的现象。之所以会有白天与黑夜也是这个原因。而镜子可以反射手电筒射出的光，就和月球能反射太阳光是一个道理。月球反射出的光也能为地球带来一些光亮，却与太阳光相去甚远。"

地球上一年四季的白天与黑夜

北半球的春分到夏至,白天长于黑夜,白天会逐渐变长;而夏至到秋分,白天仍长于黑夜,但是白天会逐渐变短;从秋分到冬至,白天就会短于黑夜,白天逐渐变短;从冬至到春分,白天开始逐渐变长。在南半球的春分到夏至,白天短于黑夜,白天逐渐变短;从夏至到秋分,白天短于黑夜,白天逐渐变长;从秋分到冬至,白天长于黑夜,白天逐渐变长;从冬至到春分,白天长于黑夜,白天逐渐变短。赤道附近的白天等于黑夜。

艾米丽:"皮特,这么黑为什么不开灯啊?"

皮特:"不要开灯,让我再多感受一下黑夜的感觉吧!"

艾米丽:"你怎么了?"

皮特:"我想感受一下月球反射的光和太阳光的亮度到底相差多少!"

美丽的潮汐

你需要准备的材料：

☆ 一个小碗
☆ 一个小勺
☆ 一个盆子
☆ 适量水

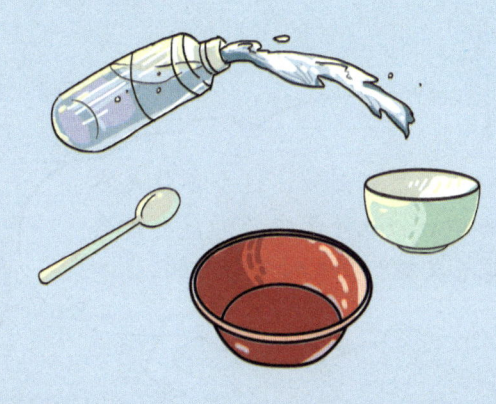

◎ 实验开始：

1. 将水倒入盆中，深度大约在10厘米；

2. 将小碗放进盆中，小碗浮在盆里，然后，往小碗中再倒入约1厘米深的水；

3. 拿起勺子，用勺子慢慢搅动小碗，搅拌时尽量保证小碗在盆中央，逐渐加快速度，最后停下来。在实验过程中你发现了什么？

◎ **有趣的发现：**

在整个实验过程中，由于小勺转动小碗，碗的旋转速度加快，里面的水就会沿着碗边向外跑，当碗的旋转速度慢下来的时候，水又会回到碗底。

"查尔斯大叔，这个不就是水因为碗旋转流外面去了吗，有什么特殊含义呢？"皮特不解地问。

查尔斯大叔说："其实这个实验就是告诉你潮汐是怎样产生的。当碗快速旋转的时候，里面的水因为受到离心力的作用而飞了出去。就像海水一样，海水也会因为地球的自转，受到离心力的作用而被甩出去，变成波涛汹涌的海浪。"

潮汐现象

潮汐现象主要有三种：固体潮汐、海水潮汐和大气潮汐，其中最常见的就是海水潮汐。海水潮汐就是海水受到天体引力的作用，而产生的周期性运动。人们通常把海水垂直方向的涨落称之为潮汐，而海水在水平方向的流动就是潮流。由于古代称白天河海涌水为"潮"，晚上的叫作"汐"，所以才叫作潮汐。

皮特："威廉，你在浴缸边做什么？"

威廉："我正在制造海浪！"

皮特走过去："如果你想制造海浪的话，能不能多放一些水在浴缸里？你的这点水连你的手背都没有没过去。"

手表指南

你需要准备的材料：

☆ 一块带有指针的手表

◎ **实验开始：**

1. 在没有指南针的情况下，如何认清方位呢？就要依靠手表，当然，你的手表时间一定要准确；

2. 拿出你的手表，记好手表测向的口诀：时间的半数对太阳，12的方向是北方。

◎ **有趣的发现：**

试一试实验中的口诀，假如现在是16：50，那么这个时间的一半就是8：25，将表盘上8：25这个区域对着太阳，再看表盘12指的方向，这个方向就是北方。

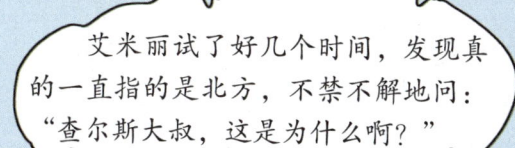

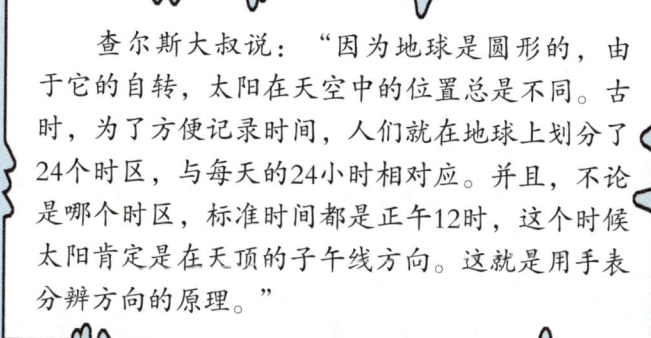

艾米丽试了好几个时间，发现真的一直指的是北方，不禁不解地问："查尔斯大叔，这是为什么啊？"

查尔斯大叔说："因为地球是圆形的，由于它的自转，太阳在天空中的位置总是不同。古时，为了方便记录时间，人们就在地球上划分了24个时区，与每天的24小时相对应。并且，不论是哪个时区，标准时间都是正午12时，这个时候太阳肯定是在天顶的子午线方向。这就是用手表分辨方向的原理。"

时区的含义

人们将地球表面按照经线分成相等的24个区域，这些区域就是时区。1884年的国际经度会议制定了时区，它以本初子午线为基准。每个相邻的时区会有一小时的时差。

皮特："艾米丽，为什么我就是不能用表判断出北方呢？"

艾米丽看了看皮特的表："皮特，如果你把电子表换成那种有表盘的表，相信你会判断出北方的。"

河床上的沙石沉淀

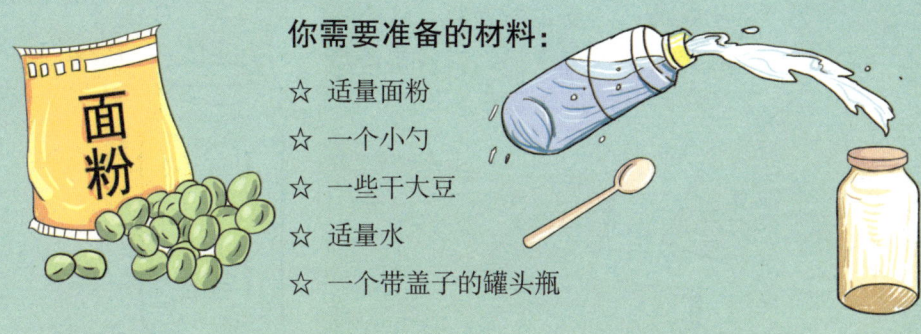

你需要准备的材料：

☆ 适量面粉
☆ 一个小勺
☆ 一些干大豆
☆ 适量水
☆ 一个带盖子的罐头瓶

◎ 实验开始：

1. 往罐头瓶中放入两勺的面粉和大豆，最后倒入水，直至罐头瓶装满，盖上盖子；
2. 用力摇晃罐头瓶，让瓶中的物品充分混合； 
3. 摇晃后，静止20分钟；
4. 观察罐头瓶，你发现了什么呢？

◎ **有趣的发现：**

静止后，你会发现大豆首先下沉，然后面粉才慢慢地下沉，覆盖在大豆上。

威廉："查尔斯大叔，这个不就是重的东西先下沉，轻的东西后下沉嘛，有什么意义呢？"

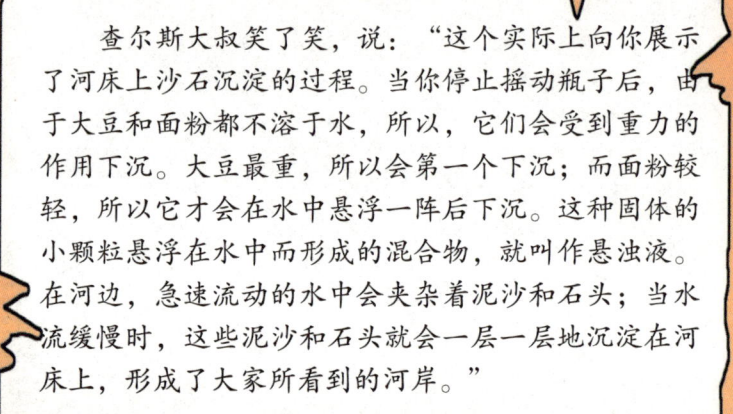

查尔斯大叔笑了笑，说："这个实际上向你展示了河床上沙石沉淀的过程。当你停止摇动瓶子后，由于大豆和面粉都不溶于水，所以，它们会受到重力的作用下沉。大豆最重，所以会第一个下沉；而面粉较轻，所以它才会在水中悬浮一阵后下沉。这种固体的小颗粒悬浮在水中而形成的混合物，就叫作悬浊液。在河边，急速流动的水中会夹杂着泥沙和石头；当水流缓慢时，这些泥沙和石头就会一层一层地沉淀在河床上，形成了大家所看到的河岸。"

河床的形成

河床就是河谷底部被水流淹没的地方。由于受到侵蚀作用，河床常常是弯曲的，因此也导致河道的位置变化。河床底部的冲积物并不是一成不变的，比如山区河流的河床就由坚硬的岩石、卵石和细小颗粒组成，而地势较缓地区的河床则以泥沙为主。

皮特："威廉，你站在河边做什么？"

威廉："不要吵，我正在看河水怎么冲石头呢！"

皮特："可是你的这个做法实在太危险了，查尔斯大叔不是给我们做了实验吗？我们可以自己回去用石头做做看呀！"

威廉："对啊！我怎么就没想到呢！"

椭圆形的地球

你需要准备的材料：

☆ 一把剪刀
☆ 一张白纸
☆ 一瓶胶水
☆ 一把尺子
☆ 一支铅笔

◎ **实验开始：**

1. 在白纸上画出两条等宽等长的纸条，并用剪刀剪下来；
2. 将剪好的两条纸条的中心交叉粘在一起；
3. 将这个粘成"十"字的纸条四端都粘在一起，让纸条成为一个球形；
4. 用铅笔从纸条其中的一个交叉点穿过，并从另个一交叉点穿出；
5. 双手搓动铅笔，你发现了什么？

◎ **有趣的发现：**

当你用力搓动铅笔的时候，纸球快速旋转，就由圆形变成了椭圆形。

艾米丽不解地问："查尔斯大叔，这个实验又告诉我们什么呢？"

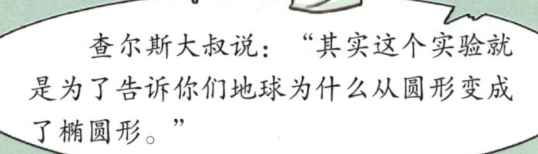

查尔斯大叔说："其实这个实验就是为了告诉你们地球为什么从圆形变成了椭圆形。"

威廉不解地问："地球又没有受到这么大的旋转力，它怎么变成椭圆形的呢？"

查尔斯大叔接着说："不要小看了地球自身的转动，每个旋转的球体都会出现这种现象：中间的部分被向外拉伸，两端则向里收缩。旋转的地球就像被铅笔带动旋转的纸球一样，由于受到离心力的影响，中心会向外凸出，这就变成了椭圆形。"

离心力

离心力，就是物体在旋转时产生的脱离旋转中心的一种力。物体在离心力的作用下，会逐渐脱离旋转的轴心，而沿着某条半径向外一点一点偏离。这时物体所受离心力的数值与向心力是相等的，只不过方向相反。但是，离心力只是一种惯性的表现，在实际中是不存在的。

艾米丽："威廉，你怎么了？"

威廉继续摇摇晃晃，说："我在感受地球的旋转。"

艾米丽："感受到了吗？"

威廉："不知道，我只知道现在我的头很晕啊！"

地图上的阴影

你需要准备的材料：

☆ 一张地形图
☆ 一个手电筒
☆ 一张纸

◎ 实验开始：

1. 将纸折几个褶子，就像手风琴那样的褶子，然后平放在桌子上；
2. 把手电筒放在纸的旁边，让手电筒的光线扫过纸；

3. 观察褶皱纸被光线扫过后的阴影部分，再观察地图上的阴影部分。

◎ **有趣的发现：**

当手电的光打到褶皱的纸上后，褶皱纸的一侧就会出现阴影，宽的部分就是斜坡部分。

皮特："查尔斯大叔，你让我们观察这个做什么啊？"

查尔斯大叔："让你们观察纸的影子，就是为了让你们仔细看一看影子的规律。其实这个实验就是在模仿现实生活中的山脉。大家看看地图，地图上表示山脉的部分就会有阴影，而这些阴影的规律，就是根据实验中你所观察到的阴影画出来的。"

地图的含义

地图是运用数学法则和符号系统，进行制图综合后，在一定的载体上表现地表情况的图形或图像。它具有严格的数学基础、符号系统、文字注记，能科学地反映出自然地理和社会经济等地表现象的分布特征及其相互关系。

威廉："皮特，你在做什么？为什么总是用手电筒晃我？"

皮特："不要动，我正在思考地图上阴影的问题。"

威廉："可是这跟你用手电筒晃我有什么关系呢？"

皮特："谁让你踩到我的地图！"

山脉和等高线

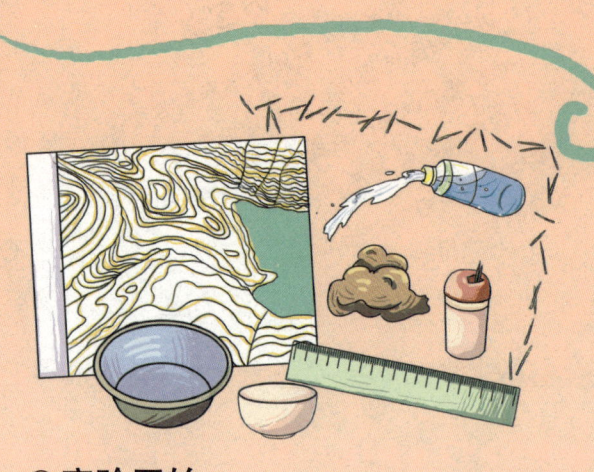

你需要准备的材料：

☆ 一张带有等高线的地图
☆ 一块橡皮泥
☆ 一个盆
☆ 一个碗
☆ 一把尺子
☆ 适量水
☆ 一些牙签

◎ 实验开始：

1. 把碗扣在桌子上，并把橡皮泥糊在碗的表面，把碗覆盖，做成一个小山的形状；

2. 将这个糊好的碗放入盆中；

3. 往盆中倒水，并用尺子测量，每当水3厘米深的时候，用牙签做标记，沿着水的高度，在橡皮泥上画一个圈，像这样直到画到这个小山顶；

4. 将这个小山从盆中拿起来，从上往下看，你发现了什么？

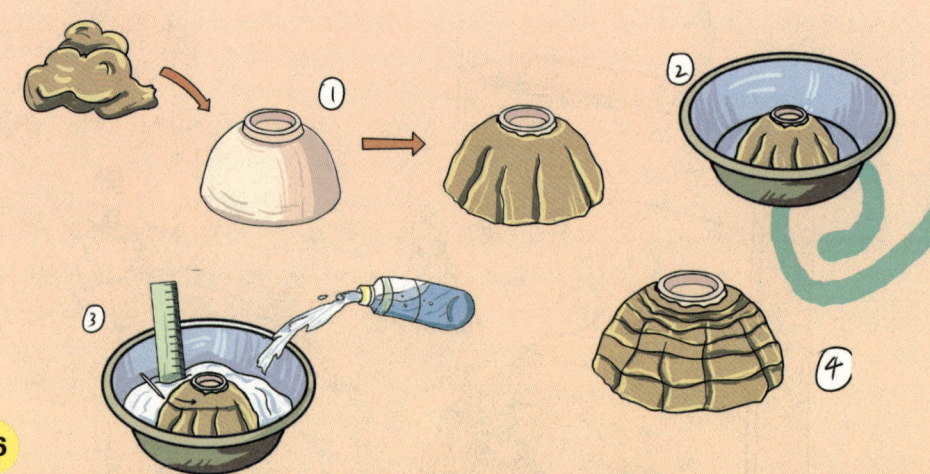

◎ **有趣的发现：**

当你从上往下观察这个小山时，你会发现这个山上的线越到高处越密集。

威廉："查尔斯大叔，这个线越来越密能说明什么啊？"

查尔斯大叔："看一看你们手中的地图，是不是在同一个地区，等高线的密度是不一样的？其实这个实验就是告诉你们等高线的密度为什么不同。就像咱们做出来的这个小山一样，等高线越密的地方，坡度越陡。了解了这些，以后你们在看地图的时候，就能通过等高线来判断哪里是山脉了。"

地图上的等高线

等高线就是地图上的闭合曲线，它代表此地区与其他地区的海拔高度不同，说明这个地区是山脉或者高原等，而在等高线上标注的数字就是该等高线的海拔高度。

艾米丽："威廉，你看这是什么？"

威廉看艾米丽手里画的像等高线的图案，说："这个是山脉的等高线？"

艾米丽偷笑："错！这就是我画着玩的。"

威廉："看来我还沉浸在查尔斯大叔上午给我们做的实验中呢！"

洼地等高线

你需要准备的材料：

☆ 一支铅笔
☆ 一把尺子
☆ 一个碗
☆ 适量水

◎ **实验开始：**

1. 把水倒入碗中，用尺子测量水深，每当3厘米的时候，沿着水面在碗内画一圈，做标记；

2. 像这样继续加水、画线做标记，直到碗里的水满为止；

3. 把碗中的水倒出去，垂直看碗内的标记，你发现了什么？

◎**有趣的发现：**

当你垂直看碗内的标记时，你会发现这碗里的图形和前面用碗做出的小山上的图形类似。

威廉："查尔斯大叔，这个是不是也在说等高线啊？可是这个为什么和山脉的一样呢？这个不是往下凹的吗？"

查尔斯大叔说："对，这个实验就是在告诉你，因为洼地的等高线和山脉的等高线看起来很像，所以为了区分，绘制地图的人就用凹线表示洼地，只要是洼地部分，等高线的一侧就会有短线，这些短线指的就是向下的斜坡。如果你想要表示碗的等高线，就在朝碗底的一侧画上短线，这就说明这块地是洼地，而不是山脉。"

地图上的示坡线

示坡线是垂直于等高线的短线，用于指示斜坡降低的方向。地图上的示坡线总是指向海拔较低的方向，所以也叫作降坡线。若是示坡线从内圈指向外圈，就说明此区域是中间高，四周低，实际是个山丘。若是示坡线从外圈指向内圈，则说明此区域四周高，中间低，是片洼地。

艾米丽："威廉，你看这个是什么？"

威廉看着那个一圈一圈的像等高线的图案，说："这个肯定是你画着玩的。"

艾米丽继续偷笑："这个是洼地的等高线，你仔细看看，还有降坡线呢！"

威廉："……"

实地距离的测量

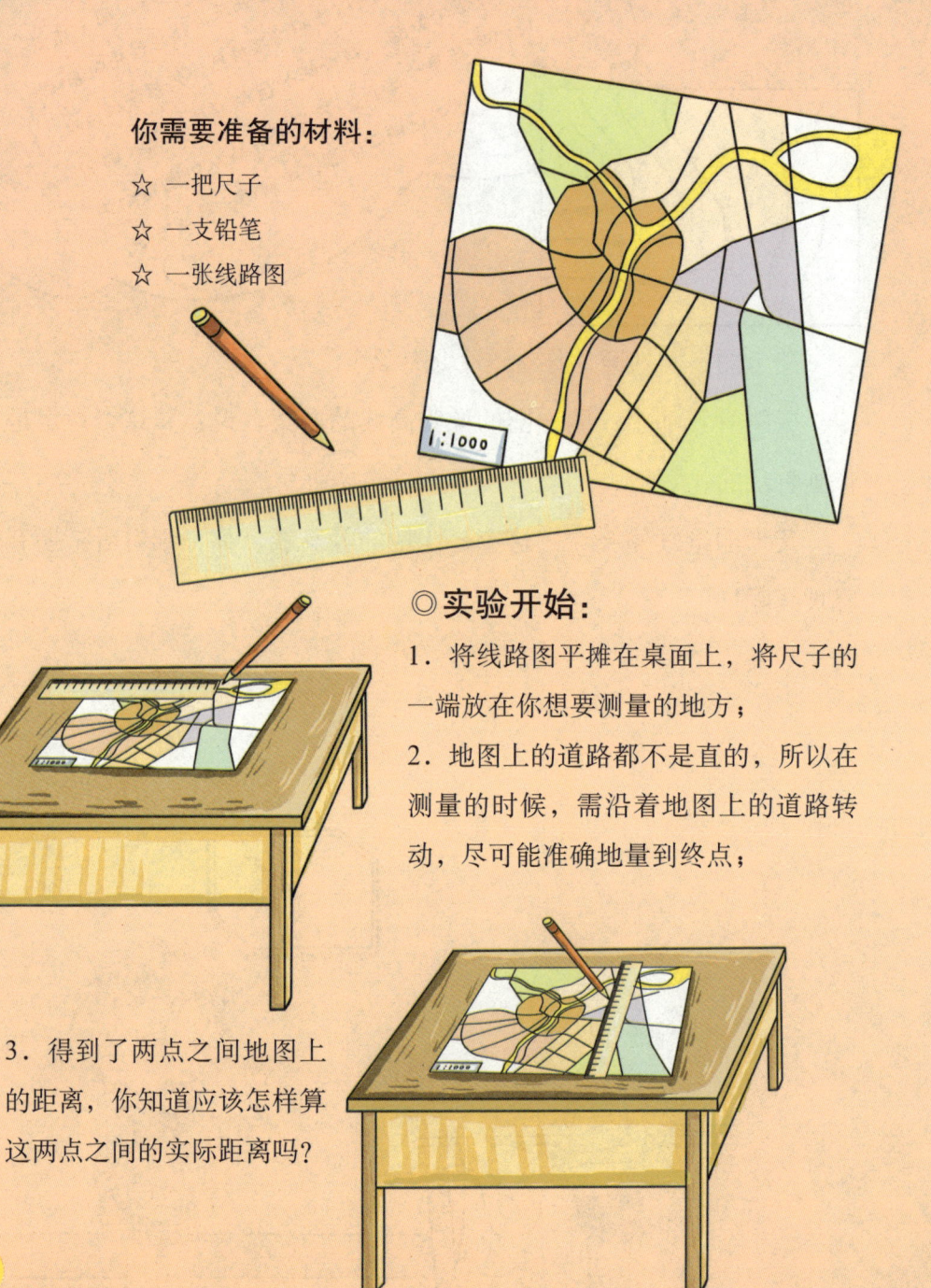

你需要准备的材料：

☆ 一把尺子
☆ 一支铅笔
☆ 一张线路图

◎ **实验开始：**

1. 将线路图平摊在桌面上，将尺子的一端放在你想要测量的地方；

2. 地图上的道路都不是直的，所以在测量的时候，需沿着地图上的道路转动，尽可能准确地量到终点；

3. 得到了两点之间地图上的距离，你知道应该怎样算这两点之间的实际距离吗？

◎ **有趣的发现：**

测量得出两点之间的距离，在地图上都会有每厘米所代表的实际距离，用你所测量的地图上的两点距离，乘以每厘米所代表的实际距离，所得到的就是两地的实际距离。

威廉看着地图，问："查尔斯大叔，这个地图之间的距离这么短，可实际真的有那么长的距离吗？"

A ↔ B
×
1:1000

查尔斯大叔说："这是当然，地图上的线段长度与实地相应的线段长度是成一定比例的。地图图形的缩小程度，叫作比例尺，又叫作缩尺。根据地图比例尺，人们可以从地图上量取实地相应的距离。如果是量取两点间的长度，可以把量得的长度移到直线比例尺上去比，就能得出实地两点间的距离。"

1:1000

地图的比例

地图的基本要素是比例尺、图例、指向标。比例尺是表示图上距离和实地距离的长度之比。图例是地图上的语言，包括各种符号和相应的文字说明、地理名称和数字。指向标是指示地图上的方向。

威廉在地图上测量了自己家到学校的距离，并计算出了实际距离，感慨说："没想到每天我都会走那么远的路上学。"

皮特看了看威廉计算的距离，摇摇头："威廉，如果你每天走这么远，都可以走到隔壁城市了。"

威廉不解地看着他，皮特继续说："你不觉得你多乘以了一个零吗？"

制作指南针

你需要准备的材料：

☆ 一块磁铁　☆ 一个玻璃杯
☆ 一根针　　☆ 一张白纸
☆ 一条细线　☆ 一把剪刀
☆ 一支铅笔

◎ **实验开始：**

1. 将白纸剪成长3厘米、宽6厘米的长方形，并对折；

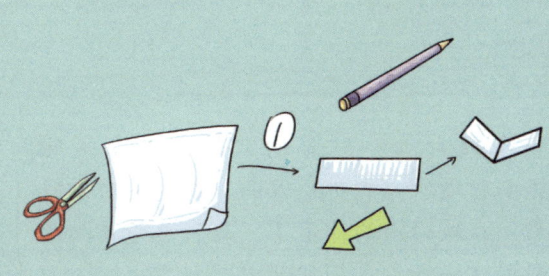

2. 把线穿过针眼，穿过后线的尾部打结，并把针穿过纸片对折痕迹的中间部分；

3. 线穿好后，将针取下来，另一头没有打结的部分拴在铅笔的中间部位；

4. 用磁铁一头吸引针约20次，然后让针从纸片折叠后的中间部分插入，让纸片成为一个房顶的形状；

5. 把纸片放进杯子里，用铅笔在杯子口做支撑，让纸片悬在杯子中，水平放好杯子，让杯子静置一段时间。你会发现什么？

◎ 有趣的发现：

当你把杯子静止放在桌子上时，杯子里面的针就会带着纸片自由转动，然后你会发现针摆动几下后，就指出了南北的方向。

"哇！这么简单就做出一个指南针啊？"威廉看到自己做的指南针兴奋地叫道。

查尔斯大叔："是的，地球是个大磁体，指南针之所以能辨别方向，就是因为磁针的作用。在地磁场的作用下，磁针总是指向北极，利用这一点，人们就可以辨别方向。"

指南针的发现与应用

指南针是一种指示方位的仪器，也是我国古代的四大发明之一。战国时期，人们就开始将天然磁铁磨成指南针使用，那时的指南针称作"司南"。指南针上的磁针是其主要组成部分。指南针在军事、生产、生活和地形测量、航海上都有广泛应用。

威廉："咦？我的这个指南针怎么不管用了？"

艾米丽："威廉，你确定你这个真的是指南针？"

威廉："是啊，我是按照查尔斯大叔教的方法做的。"

艾米丽："可是为什么你的指南针没有磁性？！"

威廉："额……忘记了。"

土壤侵蚀

你需要准备的材料：

☆ 适量水
☆ 一个浇花用的喷壶
☆ 一小块裸露的土地
☆ 一块等面积的带草皮的土壤

裸露的土地
草皮

◎ 实验开始：

1. 喷壶灌上水，在裸露的土地上喷洒几分钟，你会发现什么？
2. 对着带有草皮的土壤同样喷洒几分钟，你会发现什么？

◎有趣的发现：

当直接在裸露的土地上洒水时，很快就会出现一条一条的小沟渠，土壤也被水冲走了；而对着有草皮的地喷水时，仅有小部分的土壤流失。

皮特："查尔斯大叔，这个是实验吗？平时我们也能看到这种现象啊！这能说明什么呢？"

查尔斯大叔："虽然你们平时经常能看到这种现象，但是你们知道这种现象叫作什么吗？"

查尔斯大叔接着说："其实这就叫作土壤侵蚀。侵蚀是由于风和水引起的，是地球的磨损。土壤侵蚀对土地来说绝对是场灾难，就算根系再发达的树木，也会被风沙侵蚀，再肥沃的土地也会因为土壤侵蚀而变得贫瘠。就像实验中所看到的一样，裸露的土地被水浇灌后就会出现水土流失，而带有草皮的土地则不会，因为草尖会将下落的水变柔和，而草根则帮助土壤聚集在一起，不仅保护了土壤，还保存了水分。"

导致土壤侵蚀的原因

中国是世界上土壤侵蚀最严重的国家之一,在黄河中上游黄土高原地区、长江中上游丘陵地区和东北平原地区,水土流失严重。影响土壤侵蚀的因素分为自然因素和人为因素。自然因素是水土流失发生、发展的先决条件,或者叫潜在因素;人为因素则是加剧水土流失的主要原因。

威廉:"皮特、艾米丽,咱们在这片空地上种草怎么样?"

皮特和艾米丽看了看那片空地,转身就要走。

威廉:"你们怎么可以这样没有爱心,咱们这是在做好事啊!"

皮特:"威廉,你没看到这是石头铺成的空地吗?这上面怎么可能长出草来呢?"

受到挤压的岩石

你需要准备的材料：
☆ 各种颜色的橡皮泥
☆ 一个勺子

◎ 实验开始：

1. 将橡皮泥捏成长条状，然后叠加在一起，弄出很多层；
2. 双手拿住橡皮泥的两端，并向中间推，让橡皮泥中间拱起，出现背斜和向斜的褶皱；
3. 继续推动橡皮泥，让橡皮泥产生倒转褶皱；
4. 橡皮泥经过推揉就会断开，变成一种断层或者挤压断层，用勺子在橡皮泥上刻出一个山谷的形状，你发现了什么？

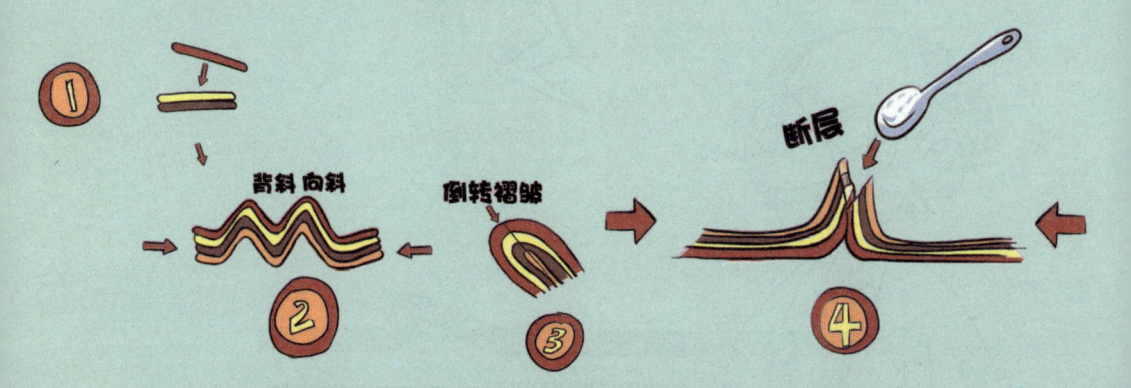

◎有趣的发现：

当你用勺子在橡皮泥上刻出山谷的印记时，你就会发现，这个山谷壁上的痕迹与自己看到沿着高速公路穿过山脉的墙壁很相似。

艾米丽："查尔斯大叔，橡皮泥上面的痕迹是不是和山脉墙壁上的痕迹一样啊？"

查尔斯大叔点头："是的，这个就是岩石的断层。实验中的橡皮泥就像是岩石，岩石由于受到巨大的推力而出现挤压的现象，当挤压过度时就会出现破裂的现象，产生断层。有时断层邻近的岩层，由于抵抗滑动也会发生褶皱或弯曲。"

岩层断裂的原因

是什么力量导致岩层断裂错位呢？这主要是由地壳在运动中产生的压力和张力造成的。由于运动得过于强烈，产生的压力和张力远远超过了岩层本身的强度，所以才对岩石产生了破坏性的作用，导致岩层断裂错位。

皮特："威廉，你推墙做什么？"

威廉："快来帮帮我，我想看一看要是挤压墙壁会不会有断层。"

皮特："威廉，我劝你快点停手。"

威廉："为什么？"

皮特："墙壁怎么会有断层呢？如果墙壁所受的推力过大，只会出现倒塌的现象！"

裂缝的岩石

你需要准备的材料：
☆ 一个带螺旋盖的小瓶
☆ 适量水
☆ 冰箱
☆ 一张厚纸巾

◎ **实验开始：**

1. 在小瓶中装满水，然后拧上盖子；
2. 把小瓶用厚纸巾包起来，放进冰箱里； 
3. 冻一个晚上后，第二天取出小瓶，打开厚纸巾，你发现了什么？

◎**有趣的发现：**

经过一晚上的冷冻后，打开厚纸巾，小瓶居然被冻得裂开了。

威廉："查尔斯大叔，这能说明什么呢？"

查尔斯大叔："这其实就是在告诉我们为什么岩石会裂开。"

皮特："岩石怎么可能和这个瓶子一样呢？"

查尔斯大叔："虽然质地不一样，但是原理是一样的。我们知道'热胀冷缩'的原理。当物体吸收热量的时候，体积就会膨胀；当温度降低的时候，体积就会缩小。裸露或处于浅层的岩石，也会受到这个原理的影响。它们经常受到太阳强烈的照射，尤其是夏季太阳，高温让岩石受热膨胀，而到了冬季，不被太阳照射的时候，岩石就会因为温度降低而缩小体积。这样，岩石在一冷一热、一收一缩的过程中就会裂开。"

岩石的构成

岩石是构成地壳的矿物集合体，是岩石圈的最主要组成部分。岩石通常由一种或几种矿物因地质作用而构成。根据形成岩石的地质作用，岩石可分为火成岩、沉积岩和变质岩三类。

威廉正拿着几块石头不停地观察着，还时不时地做着记录。

艾米丽："威廉，你在做什么？"

威廉："我在研究石头啊，我准备将其中的一部分放在太阳下暴晒，一部分放在冰箱冷冻起来，看是不是像查尔斯大叔说的那样热胀冷缩！"

土壤的成分

你需要准备的材料：
☆ 一张白纸
☆ 适量干土
☆ 一个放大镜

◎ 实验开始：

1. 在白纸上摊开少量的干土；

2. 用放大镜仔细观察土壤，你会发现土壤里面有什么呢？

◎ **有趣的发现：**

当你用放大镜仔细观察土壤时，你会发现土壤里面有像小玻璃碎片一样的颗粒，有腐烂植物的细小碎渣，还有泥土。

艾米丽："查尔斯大叔，难道土壤就是由这些东西构成的吗？"

查尔斯大叔："是的。但是土壤里面的成分不仅仅是你所看到的这些，土壤里有岩石风化而成的矿物质，有动植物、微生物残体腐解产生的有机质、土壤生物以及水分、空气，还有一些腐殖质等。无论对植物、动物还是对人类来说，土壤都是重要的生态因子。"

皮特："那为什么要有土壤呢？"

查尔斯大叔："因为土壤是所有陆地生态系统的基底或基础。土壤中的生物活动不仅影响着土壤本身，而且也影响着土壤上面的生物和植物。很多生态系统都在土壤中进行，特别是分解和固氮过程，并且，土壤还能为生物提高养分。所以，土壤是地球中不可缺少的一部分。"

土壤的构成

土壤可以分为三层,最上面一层是由顶土和腐殖质组成,中间层是由底土组成,而底层是由岩石碎片和基岩组成。岩石圈表面的疏松表层就是土壤,它不仅能够为植物提供必需的营养和水分,还是动物赖以生存的栖息场所。

艾米丽:"皮特、威廉,你们挖坑做什么呀?"

威廉:"土壤不是有三层吗?"

艾米丽:"那怎么了?"

皮特:"我们想看看土壤底层到底是不是由岩石碎片和基岩组成的?"

矿物的纹理检测

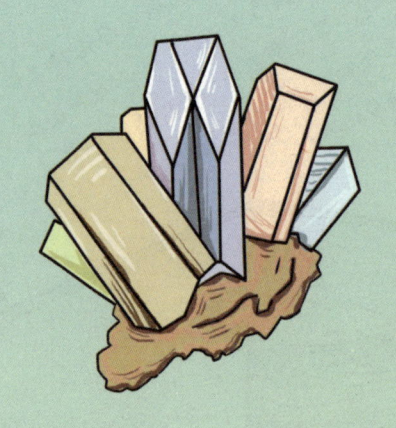

你需要准备的材料：
☆ 一块石英
☆ 一块陶瓷瓦

◎ 实验开始：
用石英在陶瓷瓦的粗糙面划一道痕迹，观察痕迹的颜色。

◎ **有趣的发现：**

当你用石英刮陶瓷瓦的时候，你会发现陶瓷瓦上出现了一道白色的划痕。

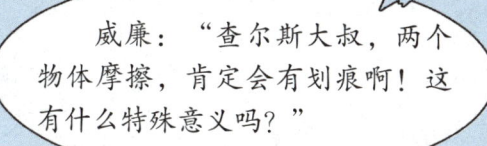

威廉："查尔斯大叔，两个物体摩擦，肯定会有划痕啊！这有什么特殊意义吗？"

白色

查尔斯大叔："当然，用石英刮陶瓷瓦的目的就是为了检测出石英石的纹理。石英的划痕是白色的，但这并不代表石英是白色的，划痕的颜色与石英本身的颜色区别很大，比如赤铁矿是褐色的，它在陶瓷瓦上的划痕就是红色。而且就算这块矿物整体的颜色不一样，划痕的颜色也是相同的，比如晶体氟就可以有很多种颜色，但是它的纹理都是白色的。"

矿物

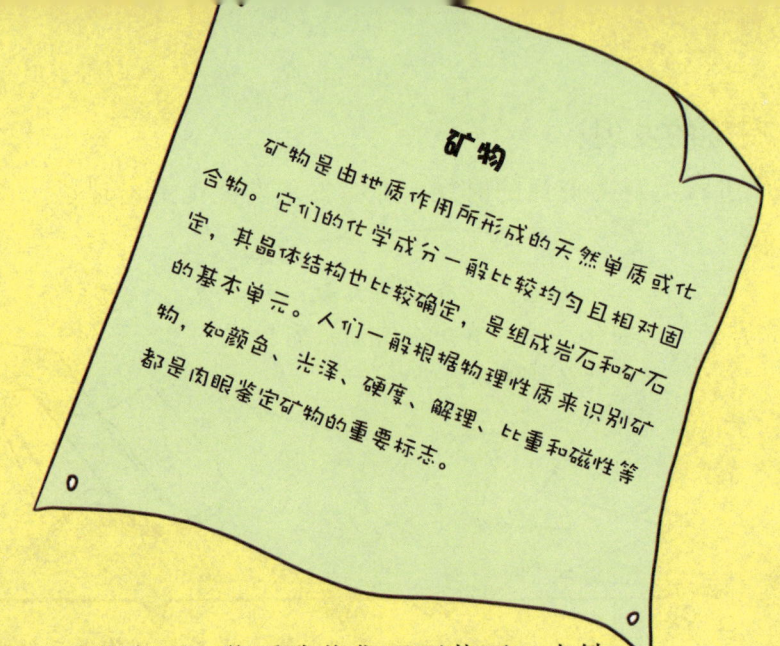

矿物是由地质作用所形成的天然单质或化合物。它们的化学成分一般比较均匀且相对固定，其晶体结构也比较确定，是组成岩石和矿石的基本单元。人们一般根据物理性质来识别矿物，如颜色、光泽、硬度、解理、比重和磁性等都是肉眼鉴定矿物的重要标志。

威廉："艾米丽，你看我收集了石英石、赤铁矿等很多矿物，你现在能帮帮我吗？"

艾米丽："帮你？做什么？"

威廉："根据查尔斯大叔做的实验，我有一个伟大的构想，就是用这些矿物弄出的划痕绘出一幅图画。我们一起试试看，好不好？"

艾米丽："还是你自己弄吧，我还有其他的事情做呢！"

分离物质的水

你需要准备的材料：

☆ 一个透明的玻璃杯
☆ 适量水
☆ 适量土壤
☆ 一双筷子

◎ **实验开始：**

1. 往玻璃杯中装入大概1/3的土壤，然后加满水；

2. 用筷子剧烈地搅拌玻璃杯里面的水与土壤，然后让杯子静置几天；

3. 几天后，观察玻璃杯，你发现了什么？

搅拌

过几天

◎ **有趣的发现：**

静置几天的玻璃杯中，如果是很肥沃的土壤，你会发现土壤分层了，第一层像是黑炭，第二层是泥浆，下面的就是一些粗砂和细小的砂砾，而且，这些砂砾也是分层的。

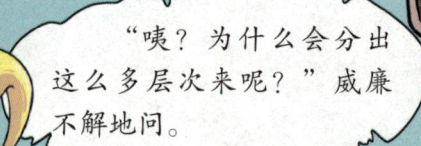

"咦？为什么会分出这么多层次来呢？"威廉不解地问。

查尔斯大叔解释道："这都是水的作用。经过你们充分搅拌的土壤，在水中会分出层次。其原因就是不同的物体浮力不同。在水中，质量大的大颗粒物质会首先沉入杯底，像实验中这样，土壤中的物质会根据质量的不同，按从大到小的顺序从杯底开始排列。再仔细观察一下杯子，最底下的肯定是比较大的粗砂，其次才是小砂砾，然后是泥浆，接着是一部分水，而水的上面会漂着一些物体，这些就是土壤中的微生物或者杂质。通过这种方法可以让你们清楚地知道土壤中的成分，这种方法就叫做水分离法。"

土壤的肥力

土壤肥力是土壤为植物生长提供和协调营养条件的能力，是土壤含有各种基本性质的综合表现，也是土壤与土母质和其他自然体最本质的区别。

皮特："威廉，你又拿着查尔斯大叔的酒做什么？"

威廉："不要吵！我正在研究如何用水分离酒中的物质。"

皮特无奈地叫道："威廉，你难道又忘了酒精是溶于水的吗？快点把查尔斯大叔的酒还回去！"

检验水中的矿物质

你需要准备的材料：

☆ 适量自来水
☆ 一瓶蒸馏水（或者雨水）
☆ 两个小盘子
☆ 两个杯子
☆ 一个放大镜
☆ 一支滴管

◎ **实验开始：**

1. 将自来水和蒸馏水分别装入两个杯子中；

2. 用滴管取一些自来水，然后在小盘子上滴几滴，同样也取等量的蒸馏水，滴在另一个小盘子上；

3. 将两个小盘子放在一旁静置，直到里面的水全部蒸发为止；

4. 水分蒸发后，用放大镜观察这两个小盘子，你能发现什么呢？

自来水　　蒸馏水

◎ **有趣的发现：**

两个盘子中的水蒸发后，都会留下残留物，但是自来水所剩下的残留物比蒸馏水多很多。

自来水　　　蒸馏水

皮特："是不是因为自来水比蒸馏水脏，所以残留物才多啊？"

查尔斯大叔："当然不是因为这个原因。自来水可以说是人工水，是通过加工的水，这种水中不仅含有矿物质，还含有其他化学物质；而蒸馏水可以说是天然水，蒸馏水就像雨水一样，最终会流入河流，渗透到土壤中，而这样的水，则在海洋、云层、雨、溪流、大河、湖泊之间循环。当然，雨水里面也融入了大量的矿物质，比如钠、钙、镁、铁等化学物质，而幸运的是，少量的这些物质对人体是无害的。"

水中矿物质的重要作用

对人体来说,水中矿物质对生命和健康来说是不可或缺的,它不能用食物来代替。生命离不开水,水中矿物质更是人体的保护元素,所以,就算是在没有食物的情况下,人只要能补充水分,都能让生命延续更长的时间。

皮特:"威廉,你说眼泪中会不会含有矿物质呢?"

威廉:"不知道啊!"

皮特:"要不咱们试一试吧!"

威廉:"好啊好啊!怎么试啊?"

皮特:"要不你就贡献出几滴眼泪,然后咱们加热看看,不就知道了吗?"

含盐的海洋

你需要准备的材料：

☆ 一个茶杯
☆ 一个小勺子
☆ 适量盐
☆ 适量水

◎ **实验开始：**

1. 向茶杯中倒入1小勺盐，再向里面加入10小勺水；

2. 用小勺充分搅拌茶杯中的溶液；
3. 尝一尝茶杯中溶液的味道。

◎ **有趣的发现：**

尝一尝茶杯中的溶液，那种咸咸的味道，与海水的味道十分相似。

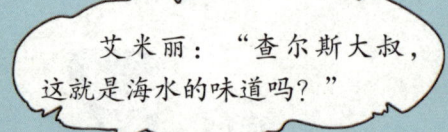

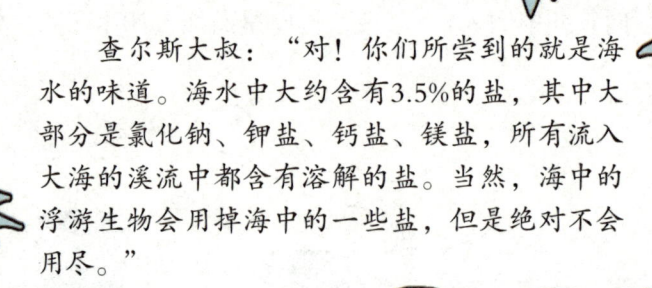

艾米丽："查尔斯大叔，这就是海水的味道吗？"

查尔斯大叔："对！你们所尝到的就是海水的味道。海水中大约含有3.5%的盐，其中大部分是氯化钠、钾盐、钙盐、镁盐，所有流入大海的溪流中都含有溶解的盐。当然，海中的浮游生物会用掉海中的一些盐，但是绝对不会用尽。"

不能喝的海水

虽然都是水，但是海水与淡水不同，它里面含有大量的盐类和多种元素，虽然里面很多元素都是人体所需要的，但是海水中盐的浓度太高，远远超过了人所能承受的范围，并且，喝了海水只能让人觉得越来越渴，不能起到补充水分的作用，严重的还会引起中毒。

艾米丽："啊！威廉，你在做什么？为什么要往鱼缸里面放盐？你会害死它们的。"

威廉："不要着急，我这是在拯救它们，鱼不是都生活在海里吗？查尔斯大叔不是说了吗，海水是咸的，所以我要给鱼缸里加点盐。"

艾米丽："威廉，难道你不知道鱼有海水鱼和淡水鱼之分吗？鱼缸里这些鱼都是淡水鱼！"

石头与矿物之间的不同

你需要准备的材料：

☆ 一块石英晶体
☆ 一些食盐晶体
☆ 一块花岗岩
☆ 一个放大镜

石英

食盐晶体

花岗岩

◎ 实验开始：

1. 用放大镜观察食盐晶体，然后再观察石英晶体；
2. 接着观察花岗岩，比较你所看到的有什么不同。

◎ **有趣的发现：**

用放大镜观察这三种物质，你会发现，食盐晶体的表面十分光滑，棱角分明，石英晶体也是如此，而花岗岩在放大镜下则显得十分粗糙，颜色不一，还有很多杂质。

"查尔斯大叔，你让我们观察这个做什么？"皮特不解地问。

查尔斯大叔："这个实验的目的就是为了让你们知道石头与矿物之间的差异。矿物质是由元素构成的，有的只含有一种元素，有的由多种元素组成。但是每种矿物的构成都是相同的。比如食盐晶体，就是由一个钠原子和一个氯原子结合而成。但是石头却不是如此，石头大多数都是由一系列矿物质混合而成，就像我们刚刚观察到的花岗岩一样，它就是由长石、石英及云母混合而成的。所以你才会看到花岗岩中有很多杂质。"

多用的石头

石头可谓是个宝贝，它能够用在很多方面。在远古时期，古人用石头打火，现在石头不仅可以美容、做食品等，还能用来磨脚、食用，就像麦饭石水，不仅可调节人体新陈代谢，增加食欲，促进循环，还能起到排除人体中因环境污染而蓄积于人体内的有害物质。除了这些，石头还可以建房子、做工艺品等，可见石头是多么有用。

皮特："威廉，你在做什么？"

威廉："皮特，你来的正好，你快帮我看看这个食盐晶体中，哪个是钠原子哪个是氯原子？"

皮特无奈地摇摇头："威廉，你难道不知道原子是用肉眼看不到的吗？"

自己制作石膏

你需要准备的材料：

☆ 适量石膏粉　☆ 两个小盆
☆ 适量水　　　☆ 一个杯子
☆ 一个勺子　　☆ 食用油

◎ 实验开始：

1. 用杯子装石膏粉，将这一杯石膏粉倒入小盆中，然后再加入半杯水，搅拌，直到它变成均匀粘稠的浆液；
2. 在手上抹一些食用油，然后涂在另一个小盆的内壁，让浆液无法粘附，然后将刚才混合好的浆液倒入这个小盆中，直到石膏粉变硬为止；
3. 大约30分钟后，取出盆中的石膏。

30分钟取出

◎ **有趣的发现：**

当混合物变硬后，将盆子倒扣过来，石膏就出来了。

威廉拿着石膏，问："查尔斯大叔，这就是石膏啊？"

查尔斯大叔说："是的，当你加热石膏时，它就会失去大约3/4的水分，变成纤细的白色粉末，这个白色粉末就是我们刚才用的石膏粉，而这个加水并产生热量的过程叫作煅烧。石膏是一种用于制造石膏粉的白色或者黄白色的矿物质，当石膏中的水分被蒸发出来，就形成了大块的石膏沉淀，同时，石膏也被广泛应用于各种行业，比如建筑、医药等。"

不同温度烧出来的石膏

石膏的主要化学成分是硫酸钙,若将其煅烧,温度达到190℃时,可得到模型石膏,这种模型石膏比建筑石膏的细度和白度都要高;若是将生石膏加热到400℃~500℃或高于800℃的温度,就会得到地板石膏,虽然凝结和硬化的速度比较慢,但是硬化后的强度与耐磨性、耐水性都要比普通的建筑石膏好得多。

威廉:"皮特,上次你腿摔折所打的石膏是怎么做出来的?"

皮特:"当然也是像查尔斯大叔说的那样做出来的啊!"

威廉:"可是它怎么会和你的腿型那么相似呢?"

皮特:"威廉,难道你不知道有一种东西叫作模具吗?"

威廉:"啊!还有这么一个东西啊,我还以为是直接浇在你的腿上才做好的石膏呢!"

绕着沙包转的珠子

你需要准备的材料：

☆ 一个沙包

☆ 一根绳子

☆ 一些带有小孔的珠子

◎ 实验开始：

1. 将沙包用绳子拴紧，绳子的另一头穿过珠子的小孔，并打上结，拴牢固；

2. 在一个空旷的地方，将小珠子举在头顶甩动，到一定速度之后扔出去，仔细观察沙包与珠子的运动，你发现了什么？

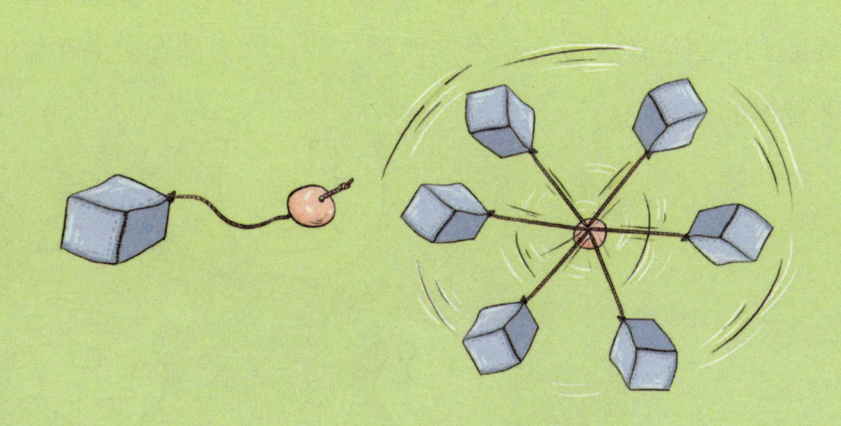

◎**有趣的发现：**

当把珠子和沙包扔出去后，你会发现沙包带着珠子一同前进，而珠子一直在围绕着沙包转动。

艾米丽："嗯？为什么是珠子绕着沙包在运动呢？"

查尔斯大叔说："因为沙包比较重，珠子比较轻，当它们两个都飞出去后，珠子就会被沙包所带动，而沙包同时也受到了珠子的牵动，所以两个物体飞出去后，会做螺旋式运动。因此，在螺旋式运动的状态下，珠子就围绕着沙包转动。其实，在太阳系中旋转的月球与地球的关系恰恰就像是珠子与沙包的关系，虽然月球与地球之间没有用线牵连，却有吸引力相牵连着对方。由于月球质量小，所以才会绕着地球转动，并且地球与月球之间的引力还会导致潮汐的出现。"

月球的自转

月球在绕地球公转的同时也在进行自转，其周期为27.32166日，正好是一个恒星月，所以我们看不见月球背面。该种现象称为"同步自转"，它几乎是卫星世界的普遍规律。

皮特："威廉，大晚上的你还站在外面做什么？"

威廉："皮特，我在观察月亮呢！"

皮特："啊？月亮怎么了？"

威廉："查尔斯大叔告诉我们，月球和地球之间有吸引力，月球绕着地球转动，那我怎么感觉不到月亮在转动呢？"

皮特："那是因为月球自转的周期和其公转的周期相同，它的一面总是朝向地球，所以我们从地球上看，它好像是静止不动的。好了，现在赶紧回去睡觉吧！"